現代物理学［基礎シリーズ］
倉本義夫・江澤潤一 編集

2

解析力学と相対論

二間瀬敏史・綿村　哲
［著］

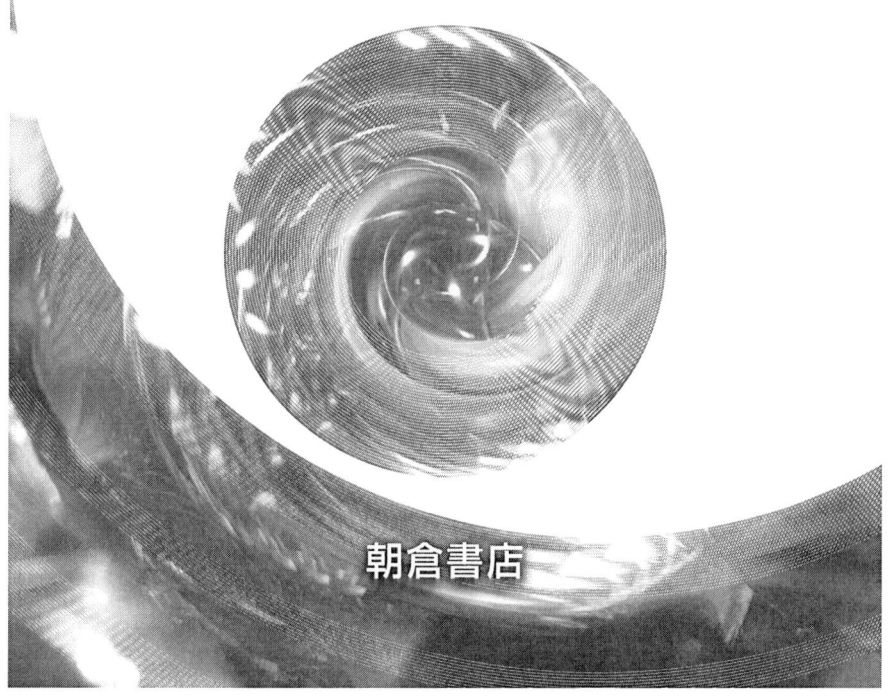

朝倉書店

編 集 委 員

倉本義夫　　東北大学大学院理学研究科・教授

江澤潤一　　東北大学名誉教授

まえがき

　この本は解析力学と特殊相対論の初学者向けの教科書である．一つの本の中で，これらが一緒に取り扱われていることを不思議に思う読者がいるかもしれない．しかしどちらも物理を学ぶ学生が力学や電磁気学の基本を習得した段階で，さらに一歩踏み込んでより高度な物理学を理解するために必ず必要となる理論であり，それらを1冊にまとめた本と思ってもらいたい．

　解析力学は，ニュートン力学を発展させ数学的にも非常によく整備された理論体系で，物理学の中でも歴史がもっとも長く完成された体系といえる．一方で，ハミルトニアンやポアッソン括弧などの概念は，量子力学のハミルトニアンや交換関係に直接結びつく事項であり，この意味で解析力学は歴史的に量子力学の出発点になっただけでなく，その論理的構造を理解するためにも重要な体系である．さらに，場の理論など理論物理の最前線においても，それぞれの場面において新しい要素が加わり形を変えて現れる非常に基本的な体系でもある．

　本書の解析力学は入門書として，筆者（綿村）が東北大学の理学部物理系の学部2年生に行ってきた授業の講義ノートにいくつかの項目を加筆し，読み進めることで独学できるようにまとめたものである．本書では，ニュートン力学に関する基本的な事項とベクトル解析に関する知識は仮定している．一方で，ルジャンドル変換や変分法などは基本的なところから詳しく説明してある．また，ハミルトン形式と正準変換の章は，具体例をできるだけ多く取り上げ，特に基本的である調和振動子の問題に関しては様々な観点から解析し，計算の過程も見せるようにした．紙面の都合もあり，簡単に触れただけの項目もいくつかあるが，解析力学の基本的な項目をできるだけ分かりやすく解説したつもりである．

　相対性理論，略して相対論は特殊相対論と一般相対論の2つに分かれるが，本書で取り上げるのは特殊相対論である．特殊相対論は一般相対論の準備であ

るばかりか，ニュートン力学における絶対時間と絶対空間の概念を4次元時空に置き換えた現代物理学の基礎となる理論である．筆者（二間瀬）は東北大学の理学部物理系の学部4年生に一般相対論の講義を行っているが，その導入として特殊相対論に触れている．講義ノートでは一般相対論の導入という面に重点を置いているが，本書はその講義ノートに特殊相対論の基礎的概念やいくつかの応用を加筆して特殊相対論の教科書としたものである．ページ数の制限はあるが特に初学者にとって理解しにくいテンソルなどの概念をできるだけ丁寧に解説したつもりである．特殊相対論は直観とは一見矛盾する予言をするため不思議な理論と思われがちであるが，基礎さえしっかり理解すれば何も不思議なことはなく，また特殊相対論に矛盾する実験結果は現在までのところ何も存在しない．相対論に特有なパラドックスに興味がある読者は巻末に挙げた参考書などを参照して欲しいが，余り深入りすることなく，一般相対論や相対論的場の理論に進むことをお勧めする．

　この本を読んで，より高度な教科書，より専門的な教科書に進んでもらうことを期待したい．

2010年8月

著者記す

目　　次

1. ラグランジュ形式 ……………………………………………… 1
    1.1 ニュートン方程式と座標変換 ………………………………… 1
        1.1.1 ニュートン方程式 ……………………………………… 2
        1.1.2 座標変換 ………………………………………………… 3
        1.1.3 座標変換と保存量 ……………………………………… 6
    1.2 ラグランジュの方法 …………………………………………… 7
        1.2.1 微小変位と一般化力 …………………………………… 7
        1.2.2 ラグランジュの方法：発見的方法 …………………… 9
        1.2.3 ラグランジュの運動方程式 …………………………… 12
        1.2.4 一般化座標，一般化力，共役運動量 ………………… 13
    1.3 ラグランジュの方法と保存則 ………………………………… 19
        1.3.1 エネルギー保存則 ……………………………………… 19
        1.3.2 循環座標 ………………………………………………… 20
        1.3.3 中心力問題 ……………………………………………… 22
    1.4 時間を含む座標変換 …………………………………………… 24
        1.4.1 回転座標系 ……………………………………………… 24
        1.4.2 回転座標系での運動方程式 …………………………… 26
    1.5 ラグランジュの方法の応用 …………………………………… 27
        1.5.1 電磁場中の荷電粒子 …………………………………… 27
        1.5.2 3個の連制振動 ………………………………………… 29
        1.5.3 強制振動（ラグランジアンが時間による例）………… 30
        1.5.4 一様磁場中の荷電粒子の運動 ………………………… 32
    1.6 拘束系 …………………………………………………………… 33

2. 変分原理 ... 35
2.1 変分法 ... 35
- 2.1.1 光の直進 ... 36
- 2.1.2 屈折の問題 ... 36
- 2.1.3 最速降下線 ... 38
- 2.1.4 オイラー方程式 ... 40
- 2.1.5 最速降下線問題の解法 ... 42

2.2 変分原理 ... 44
- 2.2.1 変分法とラグランジュ方程式 ... 44
- 2.2.2 変分原理（ハミルトンの原理） ... 46

2.3 対称性と保存則 ... 47
- 2.3.1 ネーターの定理 ... 47
- 2.3.2 ネーターの定理の例 ... 49

2.4 変分法と拘束系 ... 50
- 2.4.1 ラグランジュの未定係数法 ... 50
- 2.4.2 ラグランジュの未定係数法の応用例 ... 52

3. ハミルトン形式 ... 54
3.1 ハミルトニアンと正準方程式 ... 54
- 3.1.1 ルジャンドル変換 ... 54
- 3.1.2 ハミルトニアン ... 56
- 3.1.3 正準方程式 ... 58
- 3.1.4 変分原理と正準方程式 ... 58
- 3.1.5 1次元調和振動子と正準方程式 ... 59
- 3.1.6 ハミルトニアンの例 ... 61

3.2 ポアッソン括弧 ... 63
- 3.2.1 ポアッソン括弧と正準方程式 ... 63
- 3.2.2 ポアッソン括弧と保存量 ... 65
- 3.2.3 保存量の例 ... 66
- 3.2.4 ポアッソン括弧を使った例 ... 68

3.3 正準方程式の解法 ... 69

3.3.1	連立一階微分方程式	70
3.3.2	正準方程式の解	71
3.3.3	等加速度運動	72
3.3.4	調和振動子	72

4. 正準変換　74
4.1 正準方程式と座標変換　74
　4.1.1　ラグランジュ方程式と点変換　74
　4.1.2　正準変換　76
　4.1.3　母関数　77
4.2 正準変換の例　79
　4.2.1　恒等変換　80
　4.2.2　点変換　80
　4.2.3　回転座標系　81
　4.2.4　ゲージ変換　83
4.3 調和振動子と正準変換　84
　4.3.1　座標と運動量の入れ換え　84
　4.3.2　循環座標への変換　84
　4.3.3　母関数が時間による正準変換　86
4.4 正準変換とポアッソン括弧　87
　4.4.1　ポアッソン括弧の不変性　87
　4.4.2　正準変換の不変量　89
4.5 無限小正準変換　92
　4.5.1　母関数と生成元　92
　4.5.2　無限小回転と角運動量　94
　4.5.3　正準変換とネーターの定理　95
　4.5.4　正準変換としての時間発展　96
4.6 ハミルトン–ヤコビの理論　97
　4.6.1　ハミルトン–ヤコビ方程式　97
　4.6.2　ハミルトン–ヤコビ方程式の解　98
　4.6.3　ハミルトンの主関数　101

4.6.4　調和振動子とハミルトンの主関数 ･････････････････････ 104

5. 特殊相対性理論の基礎 ････････････････････････････････････ 106
　5.1　ガリレオの速度の合成則とガリレオ変換 ･････････････････ 106
　5.2　光速度の不変性 ･･ 108
　5.3　ローレンツ変換と速度の合成則 ･･････････････････････････ 111
　　5.3.1　トーマス歳差 ･･････････････････････････････････････ 114
　5.4　時間の遅れとローレンツ収縮 ････････････････････････････ 116

6. 4次元ミンコフスキー時空 ･･････････････････････････････････ 118
　6.1　一般のローレンツ変換と4次元間隔の不変性 ････････････ 118
　6.2　時空図におけるローレンツ変換の表現 ････････････････････ 122
　6.3　不変双曲線と座標軸の目盛り付け ････････････････････････ 124
　6.4　双子のパラドックス ････････････････････････････････････ 126

7. 特殊相対論のベクトルとテンソル ････････････････････････････ 129
　7.1　ベクトルとスカラー積 ･･････････････････････････････････ 129
　7.2　1形式 ･･ 134
　7.3　テンソル ･･ 136

8. 相対論的力学 ･･ 139
　8.1　4元運動量 ･･ 139
　8.2　光子 ･･ 141
　　8.2.1　光子のドップラー効果 ････････････････････････････････ 142
　8.3　保存則とその応用 ･･････････････････････････････････････ 142
　　8.3.1　コンプトン散乱 ････････････････････････････････････ 142
　　8.3.2　陽子衝突におけるパイ中間子生成 ････････････････････ 144

9. 電気力学 ･･ 146
　9.1　マクスウェル方程式の共変形 ････････････････････････････ 146
　9.2　電場と磁場の変換性とその応用 ･･････････････････････････ 150

 9.3 4元ポテンシャルとゲージ変換 ………………………… 151
 9.4 電磁場中の荷電粒子の運動方程式 ……………………… 152

10. 一般相対性理論の導入 ……………………………………… 157
 10.1 等 価 原 理 ……………………………………………… 157
 10.2 加 速 度 系 ……………………………………………… 159
 10.3 曲がった時空 …………………………………………… 162

参考文献 ……………………………………………………………… 167

索　　引 ……………………………………………………………… 169

1 ラグランジュ形式

古典力学において運動を記述するとは，物体がいつ何処に存在するかを与えること，つまり座標を時間の関数として表すことである．このとき，物体の運動によっては必ずしもデカルト座標にこだわる必要はなく，運動に都合のよい座標系で物体の位置を指定した方が簡単な場合がある．一方，ニュートンの運動方程式は「加速度ベクトルと力のベクトルが比例する」と表されているので，これらのベクトルを新しい座標系で表すことはできても，その幾何学的イメージに縛られデカルト座標から脱却することができない．ラグランジュの運動方程式を導入する大きな理由は，運動の法則を座標系のとり方によらずに書くことにある．ラグランジュの方法に従うと，座標系のとり方によらないような運動方程式を得ることができる．これにより，便利な座標系を定めておいて，その座標系における運動方程式を直接書くことが可能になる．さらに，このように適当な座標に移ることで，運動を通じて不変な保存量を見出すことができ，運動方程式を解くことが簡単になる．

1.1 ニュートン方程式と座標変換

まず，ニュートン方程式をデカルト座標以外の座標系に書き直すことを考えよう．それには，加速度ベクトルと力のベクトルを新しい座標の関数として書けばよい．この変数変換を機械的に実行するのではかなり見通しが悪いが，新しい座標系に適したベクトルの基底をとることでこの複雑さは軽減され，新しい座標変数で運動方程式を書いてやると保存則も見やすくなる．この節では，極座標の例を使って座標変換の下でニュートン方程式がどのように変換されるかを見る．

1.1.1 ニュートン方程式

ニュートンは，自然界の運動を定める3法則を与えた．その第2法則がいわゆるニュートンの運動方程式である．物体，厳密には点粒子の質量を m，加速度を $\boldsymbol{a}$，粒子に働く力を $\boldsymbol{F}$ とすると第2法則は

$$m\boldsymbol{a} = \boldsymbol{F} \tag{1.1}$$

と書ける．ここで，加速度 $\boldsymbol{a}$ と力 $\boldsymbol{F}$ はそれぞれ空間ベクトルで3個の成分を持つ．粒子が N 個あるときも，それぞれの粒子の座標についてニュートン方程式が成り立ち，系全体のニュートン方程式は $3N$ 個の連立微分方程式になる．古典力学の問題はこの方程式を様々な力のもとで解くことに帰着される．

ニュートン方程式 (1.1) はデカルト座標のもとで定義されているが，これらの微分方程式を解くときには，粒子の座標を極座標などの一般化された座標で書いたほうが簡単になる場合がある．そこで，極座標を例にニュートン方程式と座標変換の関係を少し見てみよう．

議論を簡単にするために以下では平面上の運動を考える．もちろん，ニュートンの運動方程式は，デカルト座標による表示をするのが最も自然である．平面上に x-y 座標軸を定め，図のように粒子の座標を $\boldsymbol{r} = (x, y)$，それぞれの方向の力を $\boldsymbol{F} = (F_x, F_y)$ とする．粒子の質量が m のとき，ニュートン方程式は

$$m\ddot{x} = F_x, \quad m\ddot{y} = F_y \tag{1.2}$$

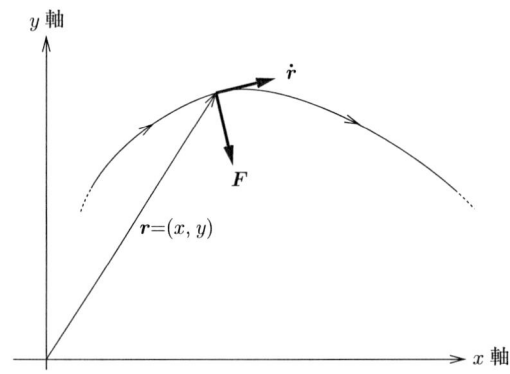

図 1.1 平面上の運動
力 $\boldsymbol{F}$ を受けて，速度 $\dot{\boldsymbol{r}}$ で運動する粒子の軌道を示す．

と書ける．ただし，ドットは時間微分を表す[*1)]．さらに力が保存力の場合は，ポテンシャル U が座標 (x, y) の関数として与えられ，ニュートン方程式はポテンシャルと力の関係を用いて

$$m\ddot{x} = -\frac{\partial U}{\partial x}, \quad m\ddot{y} = -\frac{\partial U}{\partial y} \tag{1.3}$$

と書ける．ベクトル的表示をするために微分演算子を成分に持つベクトル (nabla)，$\nabla = (\partial/\partial x, \partial/\partial y)$ を導入すると，ニュートン方程式は

$$m\ddot{\boldsymbol{r}} = \boldsymbol{F} = -\nabla U \tag{1.4}$$

と書ける．本書では，このようなベクトル的表示と，同じ方程式の

$$m\ddot{x}^i = F_i = -\frac{\partial U(x)}{\partial x^i} \tag{1.5}$$

のような成分による表示を併用する．ただし添え字は，2次元では $i = 1, 2$ をとると考え $x^1 = x,\ x^2 = y$，同様に $F_1 = F_x,\ F_2 = F_y$ である．成分表示で書いておけば，上の式 (1.5) は3次元のときでも同じ形になる．

1.1.2　座標変換

このように運動方程式は2次元運動であれば，2個の連立2階微分方程式になる．このような微分方程式は，場合によって適当に座標変換をしてやると簡単に解けることがある．このことを，中心力を例に考えてみよう．

中心力は，一般にポテンシャルが中心からの距離 r だけの関数として与えられる．そこで，中心力の働くときの運動は，粒子の点を原点からの距離と方向で表す極座標で運動を記述する方が簡単になると予想される．

原点からの距離を[*2)]

$$r = \sqrt{x^2 + y^2} = \sqrt{\sum_{i=1,2} (x^i)^2} = \sqrt{\boldsymbol{r}^2} \tag{1.6}$$

x 軸からの角度を θ とすると，2次元極座標は

$$x = r\cos\theta, \quad y = r\sin\theta \tag{1.7}$$

[*1)] 例えば $\ddot{x} = d^2x/dt^2$ である．
[*2)] $\boldsymbol{r}^2$ は，ベクトル $\boldsymbol{r}$ の内積 $\boldsymbol{r}\cdot\boldsymbol{r}$ である．以下あるベクトル $\boldsymbol{V}$ 自身の内積があるとき $\boldsymbol{V}^2 = \boldsymbol{V}\cdot\boldsymbol{V}$ と表記する．

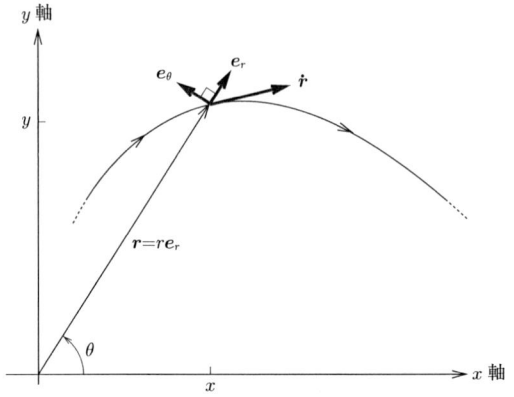

図 1.2 2次元の極座標
極座標 (r, θ) と基底ベクトル $(\bm{e}_r, \bm{e}_\theta)$ の定義.

で与えられる．この座標系では，(r, θ) が時間の関数として与えられれば，粒子の運動が決まることになる．速度は，座標の時間微分なので

$$\dot{x} = \dot{r}\cos\theta - r\dot{\theta}\sin\theta, \quad \dot{y} = \dot{r}\sin\theta + r\dot{\theta}\cos\theta \tag{1.8}$$

と求められる．運動方程式を書き下すのに必要な加速度ベクトルの極座標表示を求めるには，極座標に適した基底ベクトルを定めると見通しがよくなる．そこで，図 1.2 のようにベクトルの基底として動径方向単位ベクトル $\bm{e}_r$ とそれに直交する単位ベクトル $\bm{e}_\theta$ を次のように定める．

$$\bm{e}_r = \frac{\bm{r}}{r} = \begin{pmatrix} \cos\theta \\ \sin\theta \end{pmatrix}, \quad \bm{e}_\theta = \begin{pmatrix} -\sin\theta \\ \cos\theta \end{pmatrix} \tag{1.9}$$

デカルト座標との関係 (1.7) は，

$$\bm{r} = r\bm{e}_r \tag{1.10}$$

と書ける．さらに，この基底で速度と加速度を求めるには，

$$\dot{\bm{e}}_r = \dot{\theta}\begin{pmatrix} -\sin\theta \\ \cos\theta \end{pmatrix} = \dot{\theta}\bm{e}_\theta, \quad \dot{\bm{e}}_\theta = -\dot{\theta}\bm{e}_r \tag{1.11}$$

が成り立つことを使う．結果は，

速度 　　$\dot{\boldsymbol{r}} = \dfrac{d}{dt} r \boldsymbol{e}_r = \dot{r} \boldsymbol{e}_r + r \dot{\boldsymbol{e}}_r = \dot{r} \boldsymbol{e}_r + r \dot{\theta} \boldsymbol{e}_\theta$ 　(1.12)

加速度 $\ddot{\boldsymbol{r}} = (\ddot{r} - r\dot{\theta}^2) \boldsymbol{e}_r + (r\ddot{\theta} + 2\dot{r}\dot{\theta}) \boldsymbol{e}_\theta$ 　(1.13)

となる.

一方,力を極座標で求めるにはポテンシャルの微分を極座標で表してやる必要がある.微分は

$$\nabla = \begin{pmatrix} \partial/\partial x \\ \partial/\partial y \end{pmatrix} = \boldsymbol{e}_r \frac{\partial}{\partial r} + \boldsymbol{e}_\theta \frac{\partial}{r\partial \theta} \tag{1.14}$$

と書ける.

[証明] 極座標の定義式 (1.7) から

$$\begin{aligned} \frac{\partial}{\partial r} &= \frac{\partial x}{\partial r} \frac{\partial}{\partial x} + \frac{\partial y}{\partial r} \frac{\partial}{\partial y} \\ \frac{\partial}{\partial \theta} &= \frac{\partial x}{\partial \theta} \frac{\partial}{\partial x} + \frac{\partial y}{\partial \theta} \frac{\partial}{\partial y} \end{aligned} \tag{1.15}$$

が求まる.行列の形で書くと結果は

$$\begin{pmatrix} \partial/\partial r \\ \partial/(r\partial \theta) \end{pmatrix} = \begin{pmatrix} \cos\theta & \sin\theta \\ -\sin\theta & \cos\theta \end{pmatrix} \begin{pmatrix} \partial/\partial x \\ \partial/\partial y \end{pmatrix} \tag{1.16}$$

となるので,逆行列をかけることによって ∇ の極座標による表示が

$$\begin{pmatrix} \partial/\partial x \\ \partial/\partial y \end{pmatrix} = \begin{pmatrix} \cos\theta & -\sin\theta \\ \sin\theta & \cos\theta \end{pmatrix} \begin{pmatrix} \partial/\partial r \\ \partial/(r\partial \theta) \end{pmatrix} = \boldsymbol{e}_r \frac{\partial}{\partial r} + \boldsymbol{e}_\theta \frac{\partial}{r\partial \theta} \tag{1.17}$$

のように求まる. 　　　　　　　　　　　　　　　　　　　　　(証明終り)

この表示を使って極座標で書かれたポテンシャルから力を求めると

$$\boldsymbol{F} = -\nabla U = -\boldsymbol{e}_r \frac{\partial U}{\partial r} - \boldsymbol{e}_\theta \frac{\partial U}{r\partial \theta} \tag{1.18}$$

で与えられる.以上の結果を合わせてニュートンの運動方程式 $m\ddot{\boldsymbol{r}} = -\nabla U$ を極座標で書くと

$$m(\ddot{r} - r\dot{\theta}^2)\boldsymbol{e}_r + m(r\ddot{\theta} + 2\dot{r}\dot{\theta})\boldsymbol{e}_\theta = -\boldsymbol{e}_r \frac{\partial U}{\partial r} - \boldsymbol{e}_\theta \frac{\partial U}{r\partial \theta} \tag{1.19}$$

となる．それぞれの基底ベクトルの係数が等しいはずなので，結果として運動方程式は 2 つの微分方程式

$$m(\ddot{r} - r\dot{\theta}^2) = -\frac{\partial U}{\partial r}, \quad m(r\ddot{\theta} + 2\dot{r}\dot{\theta}) = -\frac{\partial U}{r\partial \theta} \quad (1.20)$$

と等しくなる．

問題： 3 次元極座標での運動方程式を求めよ．

1.1.3　座標変換と保存量

ここで，座標変換と保存量について考えておこう．保存量とは，運動を通じて一定である量のことである．座標変換と保存量の関係を見ることによって，座標変換が単に運動の記述に都合がよいだけではなく，運動方程式を解くにあたっても重要な役割を果たすことが分かる．

まず，デカルト座標で書かれたニュートン方程式 (1.3) において，仮にポテンシャル U が x によらないとする．つまり力が y 軸方向にのみ働いている場合を考える．すると

$$m\ddot{x} = 0 \quad \Rightarrow \quad m\dot{x} = 一定 \quad (1.21)$$

が分かるので，x 座標に関する運動方程式が簡単になり，積分ができてしまう．今の場合，結果として x 方向の運動量 $m\dot{x}$ が保存することが分かる．

次に，極座標に変換したニュートン方程式 (1.20) ではどうだろう．中心力の場合を考えると，ポテンシャル U が θ によらないことから，式 (1.20) の 2 番目の式の右辺は 0 になる．よって，

$$m(r\ddot{\theta} + 2\dot{r}\dot{\theta}) = \frac{1}{r}\frac{d}{dt}(mr^2\dot{\theta}) = 0 \quad (1.22)$$

となり，やはり運動方程式が積分できてしまう．今度は，角度方向の運動方程式が簡単になり，角運動量 $mr^2\dot{\theta}$ の保存則を得る．

このように保存量が見つかると，その方向について積分ができたことになり微分の階数が下がることになる．そこで，複雑な運動の方程式を解くとき，何らかの方法で保存量を見つけることが方程式を解くことに結びつく．

以上のことから次のようなことを学ぶことができる．

座標のとり方を適当に変えることにより運動方程式の 1 つでもよいから
$$\frac{d}{dt}(\cdots) = 0 \tag{1.23}$$
と変形できれば，それに対応して，保存量が求まり運動方程式が簡単になる．つまり，1 回積分ができてしまう．この意味で，保存量を運動の積分とも呼ぶ．

そこで次のような疑問が生じる．
① 上記のやり方では，極座標に移っても運動方程式はあくまでデカルト座標の方程式を使っている．座標変換を，もっと推し進めていちいちデカルト座標に戻ることなく運動方程式を書くことができないか？
② このような座標変換をもっと系統的にできないか？ 上の問題の場合，中心力の条件から幾何学的な考察をもとにして極座標を選んだが，常にこのように直感が働くとは限らない．

これらが，これから解析力学の問題として考えていく内容なのだが，とくに 1 番目の問題に答えを与えてくれるのがラグランジアンによる体系である．

1.2 ラグランジュの方法

極座標で運動方程式が式 (1.20) のように書けることが分かったが，この方程式をニュートンの第 2 法則「加速度と力の比例」という立場から見るのは容易ではない．この節では，まず極座標で書かれた運動方程式を例にもっと一般の座標系でも通用するような運動量や力の概念を議論し，ラグランジュの方法を導入する．

1.2.1 微小変位と一般化力

ラグランジュの方法の解説に入る準備として，まず力の別の見方を紹介する．2 次元における**微小変位** (infinitesimal displacement) のベクトル $d\boldsymbol{r} = (dx, dy)$ を考える．仕事 $W = -U$ と力の関係から
$$dW = \sum_{i=1}^{2} F_i dx^i = F_x dx + F_y dy = -dU \tag{1.24}$$

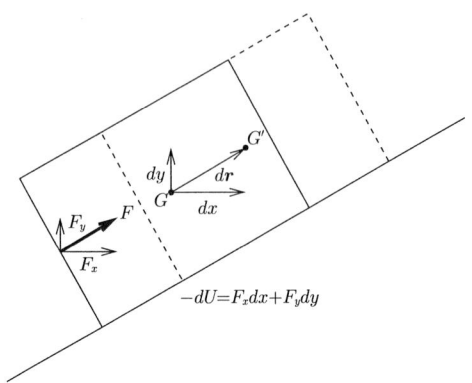

図 1.3 力と仕事
物体の微小変位 $d\boldsymbol{r}$ によって，重心が G から G' に移動する．このとき
力 F は位置エネルギーの微小変位に対する変化率と考えられる．

であるが，この式を力の定義式と見る．つまり，ある変位に必要なエネルギー U の変化を力と考える．このように，エネルギーというスカラー量を基準に力を捉えることで次のような力の概念の一般化が可能になる．

微小変位 $d\boldsymbol{r}$ を，極座標 (r, θ) のそれぞれの微小変化 $(dr, d\theta)$ で表すと

$$d\boldsymbol{r} = \begin{pmatrix} dx \\ dy \end{pmatrix} = \begin{pmatrix} dr\cos\theta - rd\theta\sin\theta \\ dr\sin\theta + rd\theta\cos\theta \end{pmatrix} = dr\boldsymbol{e}_r + rd\theta\boldsymbol{e}_\theta \quad (1.25)$$

と書ける．一方微分の関係式から，ポテンシャルと微小変位の関係は

$$d(-U) = \frac{\partial(-U)}{\partial r}dr + \frac{\partial(-U)}{\partial \theta}d\theta \quad (1.26)$$

となる．このとき，それぞれの項の微分係数は微小変化 dr または $d\theta$ に対して行われるポテンシャルによる仕事量である．保存力でない場合も，

$$dW = \boldsymbol{F} \cdot d\boldsymbol{r} = F_r dr + F_\theta d\theta \quad (1.27)$$

とした場合，F_r, F_θ をそれぞれ座標 (r, θ) に対する**一般化力** (generalized force) と呼ぶ．つまり，それぞれの一般化座標の変化の応答として現れるエネルギーの変化率を力と見るのである．

さて，このようにすると極座標においても，力に相当するものがデカルト座標に立ち戻ることなく定義できる．そこで，極座標を基準にして方程式を書い

てみよう．まず，極座標での自然な速度は，それぞれの座標の時間変化

$$v_r = \dot{r}, \quad v_\theta = \dot{\theta} \tag{1.28}$$

で，自然な加速度は (v_r, v_θ) の時間微分である．ところが問題は，このように座標変換を施したとき

$$m\ddot{r} \neq F_r = -\frac{\partial U}{\partial r}, \quad m\ddot{\theta} \neq F_\theta = -\frac{\partial U}{\partial \theta} \tag{1.29}$$

となり，極座標の加速度と一般化力がニュートン方程式のように比例しないことにある．正しい運動方程式はすでに求めたように，

$$m\ddot{r} - mr\dot{\theta}^2 = F_r, \quad mr^2\ddot{\theta} + 2mr\dot{r}\dot{\theta} = F_\theta \tag{1.30}$$

なので，一般化力がすべての力を与えていない．

つまり，極座標に移ると，例えば動径方向の方程式は

$$m\ddot{r} = -\frac{\partial U}{\partial r} + mr\dot{\theta}^2 \tag{1.31}$$

となる．つまり，動径方向の加速度は外力 F_r のほかに，みかけの力 $mr\dot{\theta}^2$ の効果（ここでは遠心力）を加えた合力に比例している．

一方，角度方向の運動方程式は

$$\frac{d}{dt} mr^2\dot{\theta} = -\frac{\partial U}{\partial \theta} \tag{1.32}$$

と非常に興味深い形に書くことができる．このように書くとまず右辺には一般化力が現れている．一方，時間微分の中に現れているのは角運動量である．そこで，

$$\frac{d}{dt}\text{"運動量"} = -\frac{\partial U}{\partial 座標} = 一般化力 \tag{1.33}$$

つまり「運動量の時間変化＝一般化力」という図式ができないか？ この図式を少し改良した形で実現するのが次の節で議論するラグランジュ方程式である．

1.2.2 ラグランジュの方法：発見的方法

前節で見たように座標変換に応じて，運動方程式にみかけの力が現れるので，みかけの力をも含めて正しく運動方程式を求める原理を確立しない限り，やはりデカルト座標から離れることができない．一方，運動方程式の右辺の力は，

その座標方向の変化に対する応答と思うことで，ポテンシャルが座標の選び方によらずに与えられることを考えると，何か普遍的な形をしているようである．

このような問題の解決の糸口は，座標によらない概念から出発して運動方程式を書いてみることによって得られる．そこで，もう一度運動方程式の左辺を見直してみる．まず，力の場合のポテンシャルのように座標系のとり方によらない普遍的な概念として運動エネルギーを考える．運動エネルギーは

$$T = \frac{1}{2}m\sum_i (\dot{x}^i)^2 \tag{1.34}$$

と書けるので，

$$\frac{\partial}{\partial \dot{x}^k}T = m\dot{x}^k \tag{1.35}$$

とかける．これは，運動量 $m\dot{x}^k$ が速度を少し変化させたときの運動エネルギーの変化率と考えられることを示唆している．この結果を使うと，ニュートンの運動方程式は

$$\frac{d}{dt}\frac{\partial T}{\partial \dot{x}^i} = -\frac{\partial U}{\partial x^i} \tag{1.36}$$

と書ける．デカルト座標ではあたりまえの式だがこの関係を極座標のときに当てはめてやると面白い関係に気がつく．

極座標での運動エネルギーは前節で求めた速度の表示を使って

$$T = \frac{1}{2}m\dot{\vec{r}}^2 = \frac{1}{2}(\dot{r}^2 + r^2\dot{\theta}^2) \tag{1.37}$$

そこで，θ 方向の速度の変化に対するこの運動エネルギーの応答は

$$\frac{\partial}{\partial \dot{\theta}}T = mr^2\dot{\theta} = 角運動量 \tag{1.38}$$

となって，角運動量が現れる．そこで，θ 方向の運動方程式は

$$\frac{d}{dt}\frac{\partial T}{\partial \dot{\theta}} = -\frac{\partial U}{\partial \theta} \tag{1.39}$$

と書けデカルト座標の式 (1.36) と同じ形で書けていることが分かる．

一方，動径方向に関してはまだ問題が残る．実際，運動エネルギーの動径方向の速度の変化に対する応答は

$$\frac{\partial}{\partial \dot{r}}T = m\dot{r} = 動径方向の運動量 \tag{1.40}$$

となり動径方向の運動量を与える．一方，動径方向の運動方程式は

$$\frac{d}{dt}\frac{\partial T}{\partial \dot{r}} = m\ddot{r} = -\frac{\partial U}{\partial r} + mr\dot{\theta}^2 \qquad (1.41)$$

となるので，まだ余分なみかけの力の部分だけが式 (1.36) を座標 r に当てはめてみた式とずれている．

ところが，このみかけの項，つまり遠心力は

$$mr\dot{\theta}^2 = \frac{\partial}{\partial r}T \qquad (1.42)$$

なので，r 方向の微小変化に対する（ポテンシャルエネルギーではなく）運動エネルギーの応答と見ることができる．すると

$$\frac{d}{dt}\frac{\partial}{\partial \dot{r}}T = -\frac{\partial}{\partial r}U + \frac{\partial}{\partial r}T \qquad (1.43)$$

と書くことができる．この式はさらに，ポテンシャルが速度によらないことを考慮して

$$\frac{d}{dt}\frac{\partial}{\partial \dot{r}}(T-U) = \frac{\partial}{\partial r}(T-U) \qquad (1.44)$$

と書くことができる．そこで

$$L = T - U \qquad (1.45)$$

という量を考えると，上の運動方程式の右辺はみかけの力も含めて，r 方向の微小変化に対する L の応答と見ることができる．

先に議論した θ 方向の運動方程式 (1.39) も，T が θ にあらわによらないので T の θ 微分が 0 であることを考慮するとやはり

$$\frac{d}{dt}\frac{\partial}{\partial \dot{\theta}}(T-U) = \frac{\partial}{\partial \theta}(T-U) \qquad (1.46)$$

と書くことができる．

これらのことから，運動方程式は一般に

$$\frac{d}{dt}\frac{\partial L}{\partial \dot{q}^i} = \frac{\partial L}{\partial q^i} \qquad (1.47)$$

のように書くことができる．ここで，q^i は，デカルト座標 x^i と思っても極座標 (r,θ) を表すと思っても正しい運動方程式を与える．L をラグランジアンと呼

び，ラグランジアンを使って表した上記の方程式をラグランジュ方程式と呼ぶ．

1.2.3 ラグランジュの運動方程式

上の計算をラグランジュの提唱した方法に従ってもう一度やってみよう．ラグランジュの方法では，まずラグランジアン (Lagrangian) L が x^i および $\dot{x}^i$ の関数として与えられているとする．運動エネルギー T とポテンシャルエネルギー U が分離できれば，ラグランジアンは式 (1.45) のように与えられるが一般には分離されていなくてもよい．

ラグランジアンがデカルト座標で書かれているとき，新しい座標に移るには，ラグランジアンの段階で座標変換を行うことができる．この新しい座標を (q^1, q^2) と呼び，この座標変換の式を

$$x^1 = x^1(q^1, q^2), \quad x^2 = x^2(q^1, q^2) \tag{1.48}$$

と書く．この式は極座標のときは $q^1 = r$, $q^2 = \theta$ で式 (1.7) にあたる．

ラグランジュは，どのような座標に移っても運動方程式は

$$\frac{d}{dt}\frac{\partial L}{\partial \dot{q}^i} = \frac{\partial L}{\partial q^i} \tag{1.49}$$

と書けることを発見した．この方程式をラグランジュの運動方程式または単にラグランジュ方程式と呼ぶ．

実際，デカルト座標 x^i でこの方程式を書くと簡単にニュートン方程式になることが分かる．ただし，ここで偏微分をとるときには x^i と $\dot{x}^i$ すべてを独立な変数として扱う．例えば，ポテンシャルが速度によらず位置だけによるとすると

$$\frac{\partial}{\partial \dot{x}^i} U(x^1, x^2) = 0 \tag{1.50}$$

である．

そこで，ラグランジュに従って，前節で行った極座標での運動方程式を求めてみよう．まず，運動エネルギーを極座標で表すには，座標変換の式を使って

$$T = \frac{1}{2}m(\dot{x}^2 + \dot{y}^2) = \frac{1}{2}m(\dot{r}^2 + r^2\dot{\theta}^2) \tag{1.51}$$

とすればよい．一方ポテンシャルはすでに r のみの関数としているので，ラグランジアンは

$$L(r,\theta,\dot{r},\dot{\theta}) = T - U = \frac{1}{2}m(\dot{r}^2 + r^2\dot{\theta}^2) - U(r) \qquad (1.52)$$

である．ラグランジュに従って方程式を求めてみる．今の場合，$q_1 = r$, $q_2 = \theta$ と考える．まず，ラグランジュ方程式 (1.49) の左辺の計算のために

$$\frac{\partial L}{\partial \dot{r}} = m\dot{r} \quad \text{および} \quad \frac{\partial L}{\partial \dot{\theta}} = mr^2\dot{\theta} \qquad (1.53)$$

という量が必要である．ここで，偏微分を行うときには，$\dot{q}^i$ と q^i をそれぞれ独立な変数として扱わなければならない．

よって，ラグランジュの方程式から

$$\frac{d}{dt}(m\dot{r}) = m\ddot{r} = \frac{\partial L}{\partial r} = mr\dot{\theta}^2 - \frac{\partial U}{\partial r} \qquad (1.54)$$

さらに

$$\frac{d}{dt}(mr^2\dot{\theta}) = \frac{\partial L}{\partial \theta} \qquad (1.55)$$

を得る．これは確かに，極座標における運動方程式 (1.19) である．このように前節で行ったニュートンの運動方程式を極座標に書き直す方法に比べると，格段に簡単に極座標における運動方程式が求まる．

ここで注意しておきたいことは，運動方程式が簡単にもとまるだけでなく θ に関する方程式 (1.55) は，中心力ならば右辺 $\partial L/\partial \theta = 0$ なので，すでに角運動量の保存則そのものが出ていることである．

問題： 3次元の極座標の運動方程式をラグランジュの方法に従って求めてみよう (1.3.3 項参照)．

1.2.4 一般化座標，一般化力，共役運動量

このようにラグランジアンと呼ばれる量を使うことによって，より一般的な座標のもとで，運動方程式を考えることができることが分かった．これを，もっと複雑な系に拡張する．

そこで，3次元の N 個の粒子の運動を考える．k 番目の粒子の座標を $(x_{(k)}, y_{(k)}, z_{(k)})$ とし，N 組の座標を一列に並べ $3N$ の通し番号をつけて

$$x^i = (x_{(1)}, y_{(1)}, z_{(1)}, \ldots, x_{(N)}, y_{(N)}, z_{(N)}) \qquad (1.56)$$

と定義する[*3]. 例えば, N 番目の粒子の座標は $(x_{(N)}, y_{(N)}, z_{(N)}) = (x^{3N-2}, x^{3N-1}, x^{3N})$ である. 同様に速度も通し番号をつけて

$$v^i = \dot{x}^i = (\dot{x}_{(1)}, \dot{y}_{(1)}, \dot{z}_{(1)}, \ldots, \dot{x}_{(N)}, \dot{y}_{(N)}, \dot{z}_{(N)}) \qquad (1.57)$$

とする. このようにすることによって, N 個の粒子の運動を $3N$ 次元の空間の中の点の運動に見直す. この $3N$ 次元空間のことを配位空間 (configuration space) と呼ぶ. このとき運動エネルギーは各粒子の運動エネルギーを加えればよく,

$$T = \sum_{\ell=1}^{N} \frac{1}{2} m_{(\ell)} (\dot{x}_{(\ell)}^2 + \dot{y}_{(\ell)}^2 + \dot{z}_{(\ell)}^2) = \sum_{i=1}^{3N} \frac{1}{2} m_i (\dot{x}^i)^2 \qquad (1.58)$$

となる. このように多粒子の系を考えると, 単に幾何学的な座標変換だけでなく, もっと広い座標変換の自由度が生じる.

例えば, 質量が m_A, m_B の 2 粒子 (A, B) の運動の場合, 配位空間は 6 次元になる. それぞれの粒子の座標を添え字 A, B で区別すると, その運動は重心の座標と相対座標

$$q^1 = \frac{m_A x_A + m_B x_B}{m_A + m_B}, \quad q^2 = \frac{m_A y_A + m_B y_B}{m_A + m_B}, \quad q^3 = \frac{m_A z_A + m_B z_B}{m_A + m_B} \qquad (1.59)$$

$$q^4 = x_A - x_B, \quad q^5 = y_A - y_B, \quad q^6 = z_A - z_B \qquad (1.60)$$

を使って記述することができる. これは, 配位空間の座標変換と考えることができる.

このように, 質点系の座標を指定するには, 配位空間の $3N$ 個のデカルト座標に変わって何か $3N$ 個のパラメータ $q^i (i = 1, \ldots, 3N)$ を指定し, 座標との関係が

$$x^i = x^i(q^1, \ldots, q^{3N}, t) \qquad (1.61)$$

のように与えられていればよい. この変数 q^i を一般化座標 (generalized coordinate) と呼ぶ. 最後の t は, 座標とパラメータとの関係が時間にあらわによっ

[*3] 一般化座標の添字は原則として, 上ツキとする.

てもよいこと意味している．x^i の時間依存性がすべて一般化座標 $q^i(t)$ の時間依存を通じてのみ生じるときはこの t 依存性はないことになる．これらを（時間による）**座標変換**という．座標変換が時間依存性を持つ場合はあとで議論することにして，以下では座標変換は時間にあらわに依存せず，x^i は $q^1,\ldots,q^{3N}$ のみの関数であるとする．

このとき，速度についての関係は

$$\dot{x}^i = \sum_{j=1}^{3N} \frac{\partial x^i}{\partial q^j} \dot{q}^j \qquad (1.62)$$

である．そこで新しい座標 q^i での運動エネルギーは，一般化座標で書かれた速度 (1.62) を代入すると

$$T = \frac{1}{2}\sum_i m_i (\dot{x}^i)^2 = \frac{1}{2}\sum_{j,k=1}^{3N}\left(\sum_i m_i \frac{\partial x^i}{\partial q^j}\frac{\partial x^i}{\partial q^k}\right)\dot{q}^j\dot{q}^k \qquad (1.63)$$

で与えられる．一方，ポテンシャルは速度によらないと仮定すると座標変換 (1.61) を単に代入するだけでよい．ラグランジュの方法は，このように変数変換を行った後の一般化座標で定義されたラグランジアン $L(q,\dot{q})$ に関してラグランジュの方程式

$$\frac{d}{dt}\frac{\partial L}{\partial \dot{q}^i} = \frac{\partial L}{\partial q^i} \qquad (1.64)$$

が運動方程式と等価であることを基礎としている．

さらに以下の節で見るように，ポテンシャルが速度による場合や運動エネルギーとポテンシャルエネルギーが分離できない場合など，もっと一般的な場合にもラグランジュの方法は有効で正しい運動方程式を与える．このため，このようにして導かれたラグランジアンに基づく運動方程式 (1.64) がニュートンの方程式より一般性があり，より基本的な法則と考えることができる．そこで，さらにこのような一般化座標でのラグランジュの方法に基づいて，力や運動量の概念も拡張する．

まず，ラグランジュ方程式の右辺はニュートン方程式の右辺の力に対応していると考えられる．力は，座標の単位変位あたりの仕事の変化と考えることができることはすでに議論した．つまり，デカルト座標では仕事 W と位置の変

化の関係

$$\delta W = \sum_i F_i \delta x^i \tag{1.65}$$

を力 F_i の定義と考えられる．この定義を一般化して，力 $\tilde{F}_i$ を一般化座標の単位変位あたりの仕事の変化

$$\delta W = \sum_i \tilde{F}_i \delta q^i \tag{1.66}$$

として定義する．保存力の場合はポテンシャルエネルギー U の変化が

$$\delta U = \sum_{i=1}^{3N} \frac{\partial U}{\partial q^i} \delta q^i = \sum_{j,i=1}^{3N} \frac{\partial U}{\partial x^j} \frac{\partial x^j}{\partial q^i} \delta q^i = -\sum_{j,i=1}^{3N} F_j \frac{\partial x^j}{\partial q^i} \delta q^i \tag{1.67}$$

で与えられるので，q^j 方向の微小変化に対する仕事の変化としての力は

$$\tilde{F}_i = \sum_{j=1}^{3N} F_j \frac{\partial x^j}{\partial q^i} = -\frac{\partial U}{\partial q^i} \tag{1.68}$$

で与えられる．これを一般化座標 q^j に対する**一般化力**という．ラグランジュ方程式の右辺は

$$\frac{\partial L}{\partial q^i} = \frac{\partial T}{\partial q^i} + \tilde{F}_i \tag{1.69}$$

である．ここに現れる $\partial T/\partial q^i$ は，一般化力のほかに座標変換の影響で現れるみかけの力を与えている．

一方，ラグランジュ方程式の左辺は運動量の時間変化を与えていると考えられる．そこで，q^i に共役な一般化運動量，または単に共役運動量 (conjugate momentum) を

$$p_k = \frac{\partial L}{\partial \dot{q}^k} \tag{1.70}$$

で定義する．デカルト座標では，運動量は速度の変化に対する運動エネルギーの変化率と考えられたが，一般化座標では，それにポテンシャルエネルギーの速度の変化に対する応答を引き去った

$$\delta T - \delta U = \sum_i p_i \delta \dot{q}^i \tag{1.71}$$

として運動量を考えることを意味している．この共役運動量の定義はポテンシャルが速度による場合にも適用できる，運動量の概念の拡張になっている．

最後に，一般化座標においてラグランジアンが

$$L = T - U \tag{1.72}$$

と書けている場合，ニュートンの運動方程式とラグランジュの運動方程式が等価であることを直接証明しておく．

[証明] 共役運動量は，式 (1.63) より

$$p_k = \frac{\partial L}{\partial \dot{q}^k} = \sum_{j=1}^{3N} \left(\sum_{i=1}^{3N} m_i \frac{\partial x^i}{\partial q^j} \frac{\partial x^i}{\partial q^k} \right) \dot{q}^j = \sum_{i=1}^{3N} m_i \dot{x}^i \frac{\partial x^i}{\partial q^k} \tag{1.73}$$

と書けるので，その時間微分は

$$\frac{dp_k}{dt} = \sum_i m_i \ddot{x}^i \frac{\partial x^i}{\partial q^k} + \sum_i m_i \dot{x}^i \frac{d}{dt} \frac{\partial x^i}{\partial q^k} \tag{1.74}$$

で与えられる．式 (1.74) の第 1 項はデカルト座標での運動方程式を使うと

$$\sum_i m_i \ddot{x}^i \frac{\partial x^i}{\partial q^k} = \sum_i F_i \frac{\partial x^i}{\partial q^k} = -\frac{\partial U}{\partial q^k} \tag{1.75}$$

である．式 (1.74) の第 2 項は，座標変換のために生じるみかけの力に相当するはずである．実際，式 (1.69) のみかけの力の項は

$$\frac{\partial T}{\partial q^k} = \sum_i m_i \frac{\partial \dot{x}^i}{\partial q^k} \dot{x}^i = \sum_i m_i \dot{x}^i \frac{d}{dt} \frac{\partial x^i}{\partial q^k} \tag{1.76}$$

と書ける．ただし，最後の変形には式 (1.62) の両辺を q^i で偏微分して得られる関係式，

$$\frac{\partial \dot{x}^i}{\partial q^k} = \sum_{j=1}^{3N} \frac{\partial^2 x^i}{\partial q^j \partial q^k} \dot{q}^j = \frac{d}{dt} \frac{\partial x^i}{\partial q^k} \tag{1.77}$$

を使った．よって，式 (1.75) と式 (1.76) を式 (1.74) に代入することで，ニュートン方程式が成り立てば一般化座標で書かれたラグランジュの運動方程式 (1.64) が成り立っていることがわかる． （証明終り）

幾何学との関係

運動エネルギー (1.63) は次のように書き直すことができる.

$$T = \frac{1}{2} \sum_{j,k=1}^{3N} g_{jk} \dot{q}^j \dot{q}^k \tag{1.78}$$

ただし, g_{ij} は

$$g_{jk}(q) = \sum_i m_i \frac{\partial x^i}{\partial q^j} \frac{\partial x^i}{\partial q^k} \tag{1.79}$$

と定義されており, 幾何学的には配位空間の速度 $\dot{q}^i$ の内積を定義している計量と考えることができる. いま, 自由粒子の運動をこのような一般化座標のもとで考える. $U = 0$ としてラグランジュの運動方程式 (1.64) に代入すると

$$\sum_j \frac{d}{dt}(g_{ij}\dot{q}^j) = \frac{\partial T}{\partial q^i} \tag{1.80}$$

となる. この式の左辺の時間微分を実行して整理すると

$$\sum_j g_{ij} \ddot{q}^j + \sum_{jk} \frac{\partial g_{ij}}{\partial q^k} \dot{q}^k \dot{q}^j - \sum_{jk} \frac{1}{2} \frac{\partial g_{kj}}{\partial q^i} \dot{q}^k \dot{q}^j = 0 \tag{1.81}$$

を得る. さらに g_{ij} の逆行列 g^{jk} を両辺にかけると

$$\ddot{q}^i + \sum_{jk} \Gamma^i_{jk} \dot{q}^j \dot{q}^k = 0 \tag{1.82}$$

という関係式を得る. ただし

$$\Gamma^j_{ik} = \frac{1}{2} \sum_{j'} g^{jj'} \left(\frac{\partial g_{j'i}}{\partial q^k} + \frac{\partial g_{j'k}}{\partial q^i} - \frac{\partial g_{ij}}{\partial q^{j'}} \right) \tag{1.83}$$

はクリストッフェル記号と呼ばれるものである. 方程式 (1.82) は測地線の方程式と呼ばれ, 自由粒子の運動は配位空間内で計量 g_{ij} で定まる空間の測地線を描くと考えられる.

1.3 ラグランジュの方法と保存則

ここまでの議論で，複雑な系の運動でも運動方程式はラグランジュの方程式によって与えられることが分かった．次の課題は，ラグランジアンのレベルでは配位空間の座標変換を自由に行うことができるので，その自由度を使って保存量を見つけることだ．保存量を見つけることは，運動方程式の一部を解くことに等しいからである．

1.3.1 エネルギー保存則

保存量の中で特に普遍的に存在するのがエネルギーであるが，この保存量がラグランジュ形式においてどのように表せるのだろうか．ここでは，直接ラグランジアンからエネルギーを構成することによって，エネルギーを座標の取り方によらない形で与えることを考える．

そこでラグランジアンが一般に $L = L(q^i, \dot{q}^i, t)$ と書けているとする．ここではラグランジアンがあらわな時間依存性を持つ場合も考えることを強調するために，ラグランジアンの変数の最後に t を加えた[*4]．このとき，ラグランジアンの微分は，

$$dL = \sum_i \left(\frac{\partial L}{\partial q^i} dq^i + \frac{\partial L}{\partial \dot{q}^i} d\dot{q}^i \right) + \frac{\partial L}{\partial t} dt \tag{1.84}$$

と書ける．時間微分として書くと

$$\frac{dL}{dt} = \sum_i \left(\frac{\partial L}{\partial q^i} \frac{dq^i}{dt} + \frac{\partial L}{\partial \dot{q}^i} \frac{d\dot{q}^i}{dt} \right) + \frac{\partial L}{\partial t} \tag{1.85}$$

である．ここで，和の中の第1項に運動方程式を代入すると

$$\frac{dL}{dt} = \sum_i \left\{ \left(\frac{d}{dt} \frac{\partial L}{\partial \dot{q}^i} \right) \dot{q}^i + \frac{\partial L}{\partial \dot{q}^i} \frac{d\dot{q}^i}{dt} \right\} \frac{\partial L}{\partial t} = \frac{d}{dt} \left(\sum_i \frac{\partial L}{\partial \dot{q}^i} \dot{q}^i \right) + \frac{\partial L}{\partial t} \tag{1.86}$$

となり，移項して整理すると

$$\frac{d}{dt} \left(\sum_i \frac{\partial L}{\partial \dot{q}^i} \dot{q}^i - L \right) = -\frac{\partial L}{\partial t} \tag{1.87}$$

[*4] つまり，$\partial L/\partial t$ が 0 でない場合も考える．

を得る．よって，

> ラグランジアン L が時間にあらわによらないとき，つまり $\partial L/\partial t = 0$ ならば，
> $$E = \sum_i \frac{\partial L}{\partial \dot{q}^i} \dot{q}^i - L \tag{1.88}$$
> が保存量である．

と結論できることが分かる．注意するべきことは，E が一定であることを示すために運動方程式を代入したことである．そのため，「保存量である」とは E の式の $q_i(t)$ に運動方程式の解を入れたときに E の値が時間によらないことを意味する．

特にラグランジアンが $L = T - U$ のように書けていて，ポテンシャル U が時間と速度によらないとする．さらに T が $\dot{q}^i$ の2次式である場合，
$$\sum_i \frac{\partial L}{\partial \dot{q}^i} \dot{q}^i = 2T \tag{1.89}$$
が成り立つので，これを式 (1.88) に代入すると，この保存量は
$$E = T + U \tag{1.90}$$
となり，運動の全力学的エネルギーであることが分かる．

このように運動方程式を使うことによって時間によらないことが示せる量を保存量または，運動の積分と呼ぶ．

問題：　式 (1.88) の右辺を時間微分して $dE/dt = 0$ であることを確認せよ．

1.3.2　循環座標

座標変換の自由度を使って新たな保存量を見つけることを考えよう．もし，適当な座標変換の後にラグランジアンが $\dot{q}^i$ は含むが座標 q^i がラグランジアンの中にあらわに現れなくなったとしよう．つまり
$$\frac{\partial L}{\partial q^i} = 0 \tag{1.91}$$

1.3 ラグランジュの方法と保存則

となるような一般化座標を見出したとする．この座標系では，q^i に関する運動方程式は

$$\frac{d}{dt}\left(\frac{\partial L}{\partial \dot{q}^i}\right) = 0 \tag{1.92}$$

となるので，共役運動量

$$p_i = \frac{\partial L}{\partial \dot{q}^i} \tag{1.93}$$

が保存量であることが分かる．このように，ラグランジアンがある座標に関してあらわな依存性を持たない[*5)] とき，その座標のことを**循環座標** (cyclic coordinate) と呼び，循環座標の共役運動量は保存する．

> q^k が循環座標の時，q^k の共役運動量は保存量である．

循環座標の例 極座標をとったとき，座標 θ は中心力においては循環座標になっている．そこで

$$\frac{d}{dt}\frac{\partial}{\partial \dot{\theta}}L = \frac{\partial}{\partial \theta}L = -\frac{\partial}{\partial \theta}U(r) = 0 \tag{1.94}$$

よって，共役運動量

$$p_\theta = \frac{\partial L}{\partial \dot{\theta}} = mr^2\dot{\theta} \tag{1.95}$$

が保存する．これは角運動量の保存則である．

ここで，一般にある軸について回転しても系が変化を受けない場合，つまりポテンシャルが軸対称な場合を考えよう．このときには，その対称軸を中心にして，角度を測ってやると軸周りの回転の角度座標はポテンシャルには含まれない．一方，運動エネルギーにも角度変数の時間微分しか現れないことが分かる．よって，この角度座標は循環座標になり，その共役運動量が保存する．これは一般に，角運動量の保存則であることが分かる．このように，対称性と保存則の関係が循環座標を見つけるときの手がかりとなる．この対称性と保存則の関係は，今後の講義の中心的課題でもある．

[*5)] つまり，ある座標 q の時間微分 $\dot{q}$ にはよるが，q そのものはラグランジアンに現れない．

1.3.3 中心力問題

ラグランジュの方法の有効性と保存則の重要性を理解するために，3 次元の中心力問題をラグランジュの方法を用いて解いてみよう．デカルト座標 (x, y, z) でのラグランジアンは

$$L = \frac{1}{2}m(\dot{x}^2 + \dot{y}^2 + \dot{z}^2) - U(r) \tag{1.96}$$

である．U は中心からの距離 $r = \sqrt{x^2 + y^2 + z^2}$ のみによるポテンシャルである．まず，3 次元の極座標 (r, θ, ϕ) を次のように定義する．

$$x = r\sin\theta\cos\phi, \quad y = r\sin\theta\sin\phi, \quad z = r\cos\theta \tag{1.97}$$

ラグランジュの方法で我々が行うことは，これらの関係式を時間微分して $(\dot{x}, \dot{y}, \dot{z})$ を $(\dot{r}, \dot{\theta}, \dot{\phi})$ で表した式をラグランジアンに代入するだけである．結果

$$L = \frac{1}{2}m(\dot{r}^2 + r^2\dot{\theta}^2 + r^2\sin^2\theta\dot{\phi}^2) - U(r) \tag{1.98}$$

を得る．

共役運動量はそれぞれ

$$p_r = m\dot{r}, \quad p_\theta = mr^2\dot{\theta}, \quad p_\phi = mr^2\sin^2\theta\dot{\phi} \tag{1.99}$$

となり，ラグランジュの運動方程式は

$$\dot{p}_r = \frac{\partial L}{\partial r} = mr(\dot{\theta}^2 + \sin^2\theta\dot{\phi}^2) - \frac{\partial U}{\partial r} \tag{1.100}$$

$$\dot{p}_\theta = \frac{\partial L}{\partial \theta} = mr^2\sin\theta\cos\theta\dot{\phi}^2 \tag{1.101}$$

$$\dot{p}_\phi = 0 \tag{1.102}$$

である．最後の式は ϕ が循環座標であり，p_ϕ が保存量であることを示している．この保存量を使って式 (1.101) の $\dot{\phi}$ を書き表すと

$$\dot{p}_\theta = \frac{p_\phi^2 \cos\theta}{mr^2\sin^3\theta} \tag{1.103}$$

を得る．この式を使うと新たな保存量

$$M^2 = p_\theta^2 + \frac{p_\phi^2}{\sin^2\theta} \tag{1.104}$$

が見つかる．実際

1.3 ラグランジュの方法と保存則

$$\frac{d}{dt}p_\theta^2 = 2p_\theta \dot{p}_\theta = 2mr^2\dot{\theta}\frac{p_\phi^2 \cos\theta}{mr^2 \sin^3\theta} = -\frac{d}{dt}\frac{p_\phi^2}{\sin^2\theta} \qquad (1.105)$$

が成り立つので，M^2 が保存量であることが分かる．

一般論から，エネルギー

$$E = \frac{1}{2}m(\dot{r}^2 + r^2\dot{\theta}^2 + r^2\sin^2\theta\dot{\phi}^2) + U(r) \qquad (1.106)$$

が保存することが分かっているが，$M^2 = m^2 r^4(\dot{\theta}^2 + \sin^2\theta\dot{\phi}^2)$ であることを使うと

$$E = \frac{1}{2}m\dot{r}^2 + \frac{1}{2}\frac{M^2}{mr^2} + U(r) \qquad (1.107)$$

を得る．この式は

$$\frac{dr}{dt} = \frac{1}{m}\sqrt{2m(E-U) - \frac{M^2}{r^2}} \qquad (1.108)$$

と解けるので積分できて

$$\int dr \frac{m}{\sqrt{2m(E-U) - M^2/r^2}} = \int dt \qquad (1.109)$$

から $r(t)$ が求まる．

θ に関する方程式は実際には解く必要がない．これは式 (1.103) が $\theta = \pi/2$, $p_\theta = 0$ という特解を持つからである．これは x-y 平面で運動を考えればよいことを意味する．このとき $M^2 = p_\phi^2$ になるので，M^2 は z 軸方向の角運動量になる．

すると角運動量 p_ϕ の保存とその定義 (1.99) より

$$\frac{d\phi}{dt} = \frac{M}{mr^2} \qquad (1.110)$$

なので

$$\int d\phi = \int dt \frac{M}{m[r(t)]^2} \qquad (1.111)$$

により $\phi(t)$ が求まる．このように中心力の問題は，実質上 2 回の積分で求まる．運動方程式が 2 階の連立方程式で，x-y 平面に運動を限ったとしても 4 回の積分が必要なところが 2 つの保存則を使うことにより，2 回分の積分がすでに実

24   1. ラグランジュ形式

行されたことになる．実際，E と M は積分定数と考えられ残りの積分定数はそれぞれの変数の初期値 $r(0)$ と $\phi(0)$ で与えられる．よって，4 個の積分定数が確かに解の中に入っているので運動方程式の一般解が求まったことになる．

1.4　時間を含む座標変換

さて，ラグランジュの方程式を使うことによって多様な一般化座標を選ぶことができるようになることが分かっていただけたと思う．では，座標変換が時間を含む時はどうだろうか？

1.4.1　回 転 座 標 系

例えば，我々は地球の自転にともない回転系の上にいるので，実際に慣性系[*6]に対して時間によった座標系に住んでいる．また剛体の運動を調べるとき，剛体といっしょに運動する座標系を考える場合がある．そこで，例として z 軸の周りで角速度 ω で回転している回転座標系を考え，このような回転座標系でのラグランジュの運動方程式を書いてみよう．

図のように，回転座標系で観測した粒子 P の座標を $\bm{R} = (X, Y, Z)$ と表すと，慣性系での粒子の座標 $\bm{r}$ とは回転行列 $\Lambda(t)$ を使うと

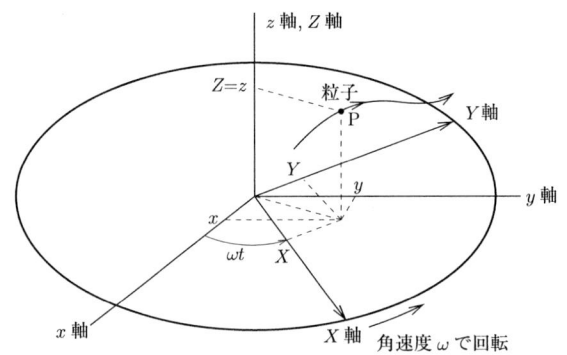

図 1.4　静止座標系と回転座標系
点粒子 P の座標は，静止座標系では (x, y, z) で，回転座標系では (X, Y, Z) で表される．

[*6] 慣性系のくわしい説明は 5 章を参照してください．

1.4 時間を含む座標変換

$$\boldsymbol{r} = \begin{pmatrix} x \\ y \\ z \end{pmatrix} = \Lambda(t)\boldsymbol{R} = \begin{pmatrix} \cos\omega t & -\sin\omega t & 0 \\ \sin\omega t & \cos\omega t & 0 \\ 0 & 0 & 1 \end{pmatrix} \begin{pmatrix} X \\ Y \\ Z \end{pmatrix} \quad (1.112)$$

のような関係にある．

この変換式 (1.112) の両辺の時間微分をとることによって，慣性系における粒子の速度 $\dot{\boldsymbol{r}}$ と回転系での粒子の速度 $\dot{\boldsymbol{R}}$ の間の関係が求まる．行列表示で計算を行うと，座標 $\boldsymbol{R}$ と行列 $\Lambda(t)$ がともに時間に依存することから

$$\dot{\boldsymbol{r}} = \dot{\Lambda}(t)\boldsymbol{R} + \Lambda(t)\dot{\boldsymbol{R}} \quad (1.113)$$

のような関係があることになる．ここで行列の微分 $\dot{\Lambda}$ は，行列の各成分を微分することを意味する．

ラグランジアンを求めるには運動エネルギーとポテンシャルエネルギーを回転系の座標 $\boldsymbol{R}$ で表す必要がある．中心力と仮定すると，ポテンシャルは中心からの距離 $r = \sqrt{\boldsymbol{r}^2}$ または $R = \sqrt{\boldsymbol{R}^2}$ のみの関数だが，$r = R$ なので

$$U(r) = U(R) \quad (1.114)$$

である．

一方，運動エネルギーを回転座標で表すには，上で求めた速度の関係を $T = m\dot{\boldsymbol{r}}^2/2$ に代入する必要がある．速度の2乗は行列表示をすると

$$\begin{aligned}\dot{\boldsymbol{r}}^t\dot{\boldsymbol{r}} &= (\boldsymbol{R}^t\dot{\Lambda}^t + \dot{\boldsymbol{R}}^t\Lambda^t)(\dot{\Lambda}\boldsymbol{R} + \Lambda\dot{\boldsymbol{R}}) \\ &= \boldsymbol{R}^t\dot{\Lambda}^t\dot{\Lambda}\boldsymbol{R} + \boldsymbol{R}^t\dot{\Lambda}^t\Lambda\dot{\boldsymbol{R}} + \dot{\boldsymbol{R}}^t\Lambda^t\dot{\Lambda}\boldsymbol{R} + \dot{\boldsymbol{R}}^2\end{aligned} \quad (1.115)$$

と書ける[*7]．それぞれの項を計算するために次の量が必要である．

$$\Lambda^t\dot{\Lambda} = \begin{pmatrix} 0 & -\omega & 0 \\ \omega & 0 & 0 \\ 0 & 0 & 0 \end{pmatrix} \quad (1.116)$$

$$\dot{\Lambda}^t\dot{\Lambda} = \omega^2 \begin{pmatrix} 1 & 0 & 0 \\ 0 & 1 & 0 \\ 0 & 0 & 0 \end{pmatrix} \quad (1.117)$$

[*7] ベクトル $\boldsymbol{V}$ は行列表示をすると縦ベクトルとして表すとしている．$\boldsymbol{V}^t$ とは $\boldsymbol{V}$ の転置したもので横ベクトルである．また行列 Λ の転置行列を Λ^t と書く．

これらの関係式を使うと

$$\dot{\boldsymbol{R}}^t \Lambda^t \dot{\Lambda} \boldsymbol{R} = \omega(X\dot{Y} - Y\dot{X}) = \boldsymbol{\omega} \cdot (\boldsymbol{R} \times \dot{\boldsymbol{R}}) \quad (1.118)$$

$$\boldsymbol{R}^t \dot{\Lambda}^t \dot{\Lambda} \boldsymbol{R} = \omega^2(X^2 + Y^2) \quad (1.119)$$

を得る．ここで，角速度ベクトル $\boldsymbol{\omega} = (0, 0, \omega)$ を導入した．

よって，回転座標系で運動エネルギーは

$$T = \frac{1}{2}m\dot{\boldsymbol{R}}^2 + m\boldsymbol{\omega} \cdot (\boldsymbol{R} \times \dot{\boldsymbol{R}}) + \frac{1}{2}m(\boldsymbol{\omega} \times \boldsymbol{R})^2 \quad (1.120)$$

となる．ラグランジアンは

$$L = \frac{1}{2}m\dot{\boldsymbol{R}}^2 + m\boldsymbol{\omega} \cdot (\boldsymbol{R} \times \dot{\boldsymbol{R}}) + \frac{1}{2}m(\boldsymbol{\omega} \times \boldsymbol{R})^2 - U(R) \quad (1.121)$$

である．このラグランジアンは，角速度ベクトル $\boldsymbol{\omega}$ を任意にとっても正しいラグランジアンになっている．

1.4.2　回転座標系での運動方程式

ラグランジアンが求まったので，回転座標系におけるラグランジュの運動方程式を求めてみよう．ベクトル表示を使って表示するために，回転座標系の微分演算子のベクトル $\nabla_{\boldsymbol{X}} = (\partial/\partial X, \partial/\partial Y, \partial/\partial Z)$ と $\nabla_{\dot{\boldsymbol{X}}} = (\partial/\partial \dot{X}, \partial/\partial \dot{Y}, \partial/\partial \dot{Z})$ を導入するこれらの微分演算子を使うと，ラグランジュの運動方程式は

$$\frac{d}{dt}\nabla_{\dot{\boldsymbol{X}}} L - \nabla_{\boldsymbol{X}} L = 0 \quad (1.122)$$

と書ける．

ラグランジアンとして式 (1.121) を代入すると，それぞれの微分は

$$\nabla_{\dot{\boldsymbol{X}}} L = m\dot{\boldsymbol{R}} + m(\boldsymbol{\omega} \times \boldsymbol{R}) \quad (1.123)$$

$$\nabla_{\boldsymbol{X}} L = m(\dot{\boldsymbol{R}} \times \boldsymbol{\omega}) - m\boldsymbol{\omega} \times (\boldsymbol{\omega} \times \boldsymbol{R}) - \nabla_{\boldsymbol{X}} U \quad (1.124)$$

のように求めることができる．ここで，ベクトル積の公式 $\boldsymbol{A} \cdot (\boldsymbol{B} \times \boldsymbol{C}) = \boldsymbol{B} \cdot (\boldsymbol{C} \times \boldsymbol{A})$, $\nabla_{\boldsymbol{X}}(\boldsymbol{A} \cdot \boldsymbol{R}) = \boldsymbol{A}$ を使った．

よってラグランジュ運動方程式は，それぞれの結果を代入し整理すると

$$m\ddot{\boldsymbol{R}} = -2m(\boldsymbol{\omega} \times \dot{\boldsymbol{R}}) - m\boldsymbol{\omega} \times (\boldsymbol{\omega} \times \boldsymbol{R}) - \nabla_{\boldsymbol{X}} U \quad (1.125)$$

となる．ここで右辺の速度による力 $2m(\dot{\boldsymbol{R}} \times \boldsymbol{\omega})$ は，正しくコリオリ力 (Coriolis' force) を与えている．また，2 項目 $-m\boldsymbol{\omega} \times (\boldsymbol{\omega} \times \boldsymbol{R})$ は遠心力になっている．これによって確かに，時間による座標変換を行ってもラグランジュの方程式が使えることが分かる．また，ラグランジアンが速度の 1 次の項を含んでいてもよいことが分かる．

以上の関係式は，角速度ベクトル $\boldsymbol{\omega}$ が z 軸方向を向いている必要はない．ただ，最初に考えた z 軸周りに回転する回転座標系の場合は，さらに簡単な運動方程式を求めることができる．そこで，z 軸周りの回転をしている場合の角速度ベクトル $\boldsymbol{\omega} = (0, 0, \omega)$ をラグランジアン (1.121) に代入すると

$$L = \frac{1}{2}m(\dot{X}^2 + \dot{Y}^2 + \dot{Z}^2) + m\omega(X\dot{Y} - Y\dot{X}) + \frac{1}{2}m\omega^2(X^2 + Y^2) - U(R) \tag{1.126}$$

のように成分で書かれたより簡単なラグランジアンを得ることができる．このときの運動方程式は，このラグランジアンから直接求めることもできる．運動方程式をベクトルの成分として書くと

$$m \begin{pmatrix} \ddot{X} \\ \ddot{Y} \\ \ddot{Z} \end{pmatrix} = \begin{pmatrix} 2m\omega\dot{Y} + m\omega^2 X - \partial U/\partial X \\ -2m\omega\dot{X} + m\omega^2 Y - \partial U/\partial Y \\ -\partial U/\partial Z \end{pmatrix} \tag{1.127}$$

であり，コリオリ力や遠心力の効果がよりはっきりと分かる．

問題： 上記の運動方程式 (1.127) の力の中で，コリオリ力を表すベクトルと遠心力を表すベクトルをそれぞれ書き出してみよ．

1.5 ラグランジュの方法の応用

ラグランジュの方法に従うと，様々な座標系での運動方程式を統一的に扱えることが分かってきた．すると，ある系の運動方程式を立てるということは，ラグランジアンを与えることに集約される．ここでは，ラグランジアンの具体例をいくつか見てみよう．

1.5.1 電磁場中の荷電粒子

電磁場中の荷電粒子の運動方程式をラグランジュの方法に従って導いてみよう．この系は，ラグランジアンに速度に比例する項が現れる最も身近な例になっ

ている．荷電粒子の質量を m，電荷を e，また電磁場を与えるクーロンポテンシャルを ϕ，ベクトルポテンシャルを A_i とすると，ラグランジアンは

$$L = \frac{1}{2}m\sum_{i=1}^{3}(\dot{x}^i)^2 + \sum_{i=1}^{3}eA_i(x,t)\dot{x}^i - e\phi(x) \tag{1.128}$$

となる．今の場合，ここに出てくるベクトルポテンシャル $A_i(x,t)$ は時間によってもよいとした．ただし，A_i が時間による場合，一般にエネルギー保存則は粒子の運動のみに注目している限り成り立たない．ラグランジュ方程式に必要な項を計算すると，

$$\frac{\partial L}{\partial \dot{x}^i} = m\dot{x}^i + eA_i \tag{1.129}$$

$$\frac{\partial L}{\partial x^i} = e\nabla_i A_j \dot{x}^j - e\nabla_i \phi \tag{1.130}$$

よって，ラグランジュ方程式は

$$m\ddot{x}^i + e\dot{x}^j \nabla_j A_i + e\dot{A}_i = e\nabla_i A_j \dot{x}^j - e\nabla_i \phi \tag{1.131}$$

となる．加速度以外を右辺に移項してまとめると

$$m\ddot{x}^i = e(\nabla_i A_j - \nabla_j A_i)\dot{x}^j - e\nabla_i \phi - e\dot{A}_i \tag{1.132}$$

となる．これを電場 (カッコ内はベクトル表示)

$$E_i = -\nabla_i \phi - \dot{A}_i \qquad (\boldsymbol{E} = -\nabla\phi - \dot{\boldsymbol{A}}) \tag{1.133}$$

と磁場

$$B_i = \sum_{j,k}\epsilon_{ijk}\nabla_j A_k \qquad (\boldsymbol{B} = \nabla \times \boldsymbol{A}) \tag{1.134}$$

を使って表すとラグランジュ方程式は

$$m\ddot{x}_i = eE_i + e\sum_{j,k}\epsilon_{ijk}\dot{x}_j B_k \tag{1.135}$$

と書ける．ベクトル表示すると

$$m\ddot{\boldsymbol{r}} = e\boldsymbol{E} + e\dot{\boldsymbol{r}} \times \boldsymbol{B} \tag{1.136}$$

である．右辺の1項目はクーロン力，2項目はローレンツ力であり，これは電磁場中の荷電粒子の運動方程式である．

ローレンツ不変性

速度を含む作用として考えられる最も単純な形がローレンツ力という粒子と電磁場の基本的な相互作用を与えることは非常に興味深い．ラグランジアンにおいてこのような項を相互作用項と呼ぶ．さらに，この相互作用項はポテンシャル項まで同時に考えると特殊相対論のローレンツ変換に関して不変である．電磁場のマクスウェルの方程式がやはり，ローレンツ変換に不変であったので，荷電粒子の作用を考えた時，古典力学でローレンツ不変性を破っているのは，運動エネルギー項だけである．

1.5.2 3個の連制振動

図 1.5 のように，質量が m_1, m_2, m_3 の 3 個の重りがばね定数 k のばねでつながっているとする．さらに両端もばねで壁に固定されており，振動は直線上で起こるとする．このとき，それぞれの重りの平衡点からのずれを q_1, q_2, q_3 とする．それぞれのバネのポテンシャルエネルギーはバネの長さの平衡点からの変化の 2 乗で表せ，全ポテンシャルエネルギーはその和になる．よって，この系のラグランジアンは

$$L = \frac{1}{2}(m_1 \dot{q}_1^2 + m_2 \dot{q}_2^2 + m_3 \dot{q}_3^2) - \frac{1}{2}k[q_1^2 + (q_2 - q_1)^2 + (q_3 - q_2)^2 + q_3^2] \tag{1.137}$$

で与えられ，ラグランジュ方程式は

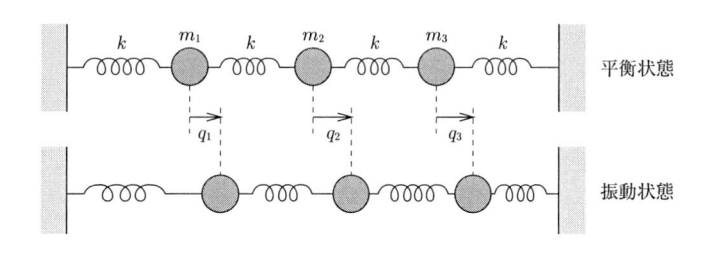

図 1.5 連制振動
i 番目のおもりの平衡点からのずれを q^i として，振動を記述する．

$$m_1\ddot{q}_1 = -k(2q_1 - q_2)$$
$$m_2\ddot{q}_2 = -k(-q_1 + 2q_2 - q_3) \quad (1.138)$$
$$m_3\ddot{q}_3 = -k(-q_1 + 2q_3)$$

となり，確かに連成振動の運動方程式を与える．

m が共通の場合を考える．固有振動の角速度を ω とおいて $q_i(t) = A_i \sin \omega t$ を運動方程式に代入すると，

$$\begin{pmatrix} 2 & -1 & 0 \\ -1 & 2 & -1 \\ 0 & -1 & 2 \end{pmatrix} \begin{pmatrix} A_1 \\ A_2 \\ A_3 \end{pmatrix} = \frac{m}{k}\omega^2 \begin{pmatrix} A_1 \\ A_2 \\ A_3 \end{pmatrix} \quad (1.139)$$

よって，$m/k\omega^2$ は行列の固有値である．固有値から角速度は $\omega^2 = 2k/m$，$(2\pm\sqrt{2})k/m$ で与えられ，振幅は固有値に対応した固有ベクトルに比例する．

問題： 固有ベクトルを求めよ．

1.5.3 強制振動 (ラグランジアンが時間による例)

外力が働くときの運動方程式を得るために，1 次元調和振動子のラグランジアンに，時間による関数 $A(t)$ を含む項を加えた次のようなラグランジアンを考える．

$$L = \frac{1}{2}m\dot{q}^2 + \dot{q}A(t) - \frac{1}{2}m\omega^2 q^2 \quad (1.140)$$

ラグランジュ方程式は

$$\frac{d}{dt}\frac{\partial L}{\partial \dot{q}} = m\ddot{q} + \dot{A} = \frac{\partial L}{\partial q} = -m\omega^2 q \quad (1.141)$$

と書ける．加速度に関する式に書き直すと

$$m\ddot{q} = -m\omega^2 q - \dot{A}(t) \quad (1.142)$$

となり，距離に比例した力のほかに外力 $F_\text{ext} = -\dot{A}(t)$ が働く運動方程式を得る．

このように式 (1.140) は時間によった外力を含む場合のラグランジアンの例になっている．そこで，いま $F_\text{ext} = mA_0 \sin \omega_A t$ という振動する外力を考える[*8]．運動方程式は

[*8] 下記に相当する．

$$A(t) = \frac{A_0 m}{\omega_A} \cos \omega_A t \quad (1.143)$$

$$\ddot{q} + \omega^2 q = A_0 \sin \omega_A t \tag{1.144}$$

となる．この方程式の特解 $q_A(t)$ は未定の定数を C として

$$q_A(t) = C \sin \omega_A t \tag{1.145}$$

を式 (1.144) に代入してみることで求まる．代入すると

$$C(-\omega_f^2 + \omega^2) \sin \omega_A t = A_0 \sin \omega_A t \tag{1.146}$$

となるので定数 C を

$$C = \frac{A_0}{\omega^2 - \omega_A^2} \tag{1.147}$$

ととれば，運動方程式の解になる．このようにして特解

$$q_A(t) = \frac{A_0}{\omega^2 - \omega_A^2} \sin \omega_A t \tag{1.148}$$

が求まる．一般解は

$$q(t) = \tilde{q}(t) + q_A(t) \tag{1.149}$$

として運動方程式に代入すると，$\tilde{q}(t)$ の満たす方程式

$$\ddot{\tilde{q}}(t) + \omega^2 \tilde{q}(t) = 0 \tag{1.150}$$

を得るので，角振動が ω の調和振動の一般解を使って

$$q(t) = C_1 \cos \omega t + C_2 \sin \omega t + \frac{A_0}{\omega^2 - \omega_A^2} \sin \omega_A t \tag{1.151}$$

が強制振動のある場合の一般解になる．ただし C_1, C_2 は積分定数で，次のように初期値から定まる．$t=0$ を代入することで

$$q(0) = C_1 \tag{1.152}$$

次に微分して $t=0$ とおくと

$$\dot{q}(0) = \omega C_2 + \omega_A \frac{A_0}{\omega^2 - \omega_A^2} \tag{1.153}$$

これより，

$$C_2 = \frac{\dot{q}(0)}{\omega} - \frac{\omega_A}{\omega} \frac{A_0}{\omega^2 - \omega_A^2}$$

となる．これらをすべて代入すると次の解を得る．

$$q(t) = q(0)\cos\omega t + \left(\frac{\dot{q}(0)}{\omega} - \frac{\omega_A}{\omega}\frac{A_0}{\omega^2 - \omega_A^2}\right)\sin\omega t + \frac{A_0}{\omega^2 - \omega_A^2}\sin\omega_A t \tag{1.154}$$

この式から外力の角振動 ω_A が ω に近づくと共鳴をすることが分かる．

1.5.4 一様磁場中の荷電粒子の運動

いま，ベクトルポテンシャルを $\boldsymbol{A} = (1/2)B(-y, x, 0)$ とすると

$$\boldsymbol{B} = \nabla \times \boldsymbol{A} = (0, 0, B) \tag{1.155}$$

となり，磁場が z 軸方向に働いている状態を表す．このベクトルポテンシャルを式 (1.128) に代入すると一様磁場中の荷電粒子のラグランジアン

$$L = \frac{1}{2}m(\dot{x}^2 + \dot{y}^2 + \dot{z}^2) + \frac{1}{2}eB(-y\dot{x} + x\dot{y}) - e\phi(x) \tag{1.156}$$

が求まる[*9]．

ラグランジュ方程式は，$\omega = eB/m$ として

$$\frac{d}{dt}\frac{\partial L}{\partial \dot{x}} = m\left(\ddot{x} + \frac{1}{2}\omega\dot{y}\right) = \frac{\partial L}{\partial x} = -\frac{1}{2}m\omega y \tag{1.157}$$

$$\frac{d}{dt}\frac{\partial L}{\partial \dot{y}} = m\left(\ddot{y} - \frac{1}{2}\omega\dot{x}\right) = \frac{\partial L}{\partial y} = \frac{1}{2}m\omega x \tag{1.158}$$

$$\frac{d}{dt}\frac{\partial L}{\partial \dot{z}} = m\ddot{z} = 0 \tag{1.159}$$

となるので，まとめると，

$$\ddot{x} = -\omega\dot{y}, \quad \ddot{y} = \omega\dot{x}, \quad \ddot{z} = 0 \tag{1.160}$$

となる．z 方向は力が働かないので，一般解は等速運動であるが以下では $z = 0$ として x-y 平面内の運動のみを考える．

一方，x, y 方向の運動は，$\eta = x + iy$ として，複素表示をすると見通しがよくなる．η を使うと運動方程式は 1 つにまとまって

$$\ddot{\eta} = i\omega\dot{\eta} \tag{1.161}$$

[*9] このラグランジアンと回転座標系で見たときの粒子のラグランジアン (1.127) を比べると 2 項目の速度による項が同じ形をしていることが分かる．この項は，運動方程式ではコリオリ力と対応するので，磁場中の電子は回転系で運動している場合と似た運動をする．このとき角速度の対応は $\omega - eB/(2m)$ である．これをラーモア周波数という．

と書ける．この一般解は

$$\eta = Ce^{i(\omega t+\delta)} + \eta_0 \qquad (1.162)$$

である．ただし，C と η_0 は複素数である．$\eta_0 = x_0 + iy_0$，$C = Re^{i\delta}$ とすると，(x,y) が

$$x = R\cos(\omega t + \delta) + x_0, \quad y = R\sin(\omega t + \delta) + y_0 \qquad (1.163)$$

のように求まり，η_0 は回転の中心の座標を，δ は位相を表すことが分かる．また R は回転の半径であるが，

$$|\dot{\eta}| = R\omega = \sqrt{\dot{x}^2 + \dot{y}^2} = v \qquad (1.164)$$

のように粒子の速さと関係がつき，粒子は速さ v の等速円運動をすることが分かる．これは，一様磁場中に入射された荷電粒子のサイクロトロン (cyclotron) 運動と呼ばれている．$eB/(2\pi m)$ をサイクロトロン周波数 (cyclotron frequency) という．

1.6 拘 束 系

　座標変換を使うと問題が解きやすくなる場合として，拘束（束縛）がある場合がある．拘束には様々なものが考えられる．例えば，床の上で跳ねるボールは床より上側でしか運動しないという拘束のもとで運動している．ただ，このような一般の拘束を扱うことは困難なので，以下ではホロノミックな場合を考える．ホロノミック (holonomic) とは，拘束の条件が座標と時間の関数として

$$f(x^i, t) = 0 \qquad (1.165)$$

の形に表される場合をいう．それ以外の場合は，非ホロノミックと呼ぶ．
　例えば，図のような振り子の問題を考える．x-y 平面上で原点に長さ ℓ の紐につながれ，重力が $-y$ 方向にかかっているとする．重力のもとでの質量 m の物体のラグランジアンは

$$L = \frac{1}{2}m(\dot{x}^2 + \dot{y}^2) - mgy \qquad (1.166)$$

である．ただし，振り子の場合，紐でつながれているので $\sqrt{x^2 + y^2} = \ell$ である．よって今の場合，時間によらない拘束

34　　　　　　　　　　　　　　　　1. ラグランジュ形式

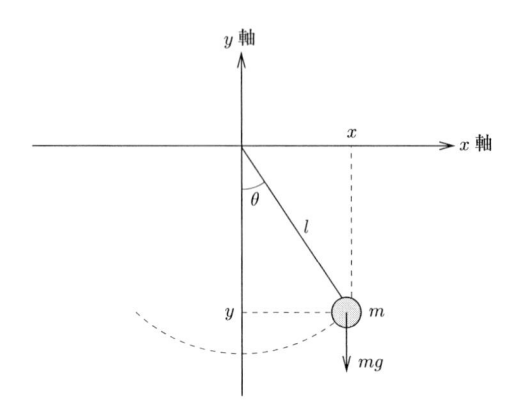

図1.6　x-y 面内で運動する振り子と極座標

$$f(x,y) = \sqrt{x^2 + y^2} - \ell = 0 \tag{1.167}$$

があることになる．この問題は，式 (1.7) で定義されている極座標 (r,θ) に移って考えるとよいことが分かる．極座標でのラグランジアンは

$$L = \frac{1}{2}m(\dot{r}^2 + r^2\dot{\theta}^2) + mgr\cos\theta \tag{1.168}$$

である．ここで，拘束条件 (1.167) を代入するには，ラグランジアンで $r = \ell$ とおくだけでよい．方程式は，θ のみの方程式になりラグランジュ方程式を書いてやると

$$\frac{d}{dt}(m\ell^2\dot{\theta}) = -mg\ell\sin\theta \tag{1.169}$$

となり，確かによく知られた振り子の運動方程式が得られる．

　この振り子の例のように，座標変換によって拘束の条件式を解くことができることがある．一般のもっと複雑な拘束の場合は，座標変換だけで解くことは難しくなる．

2 変分原理

　運動方程式は，それぞれの座標系のとり方によってみかけの力が現れるなど様々であるが，ラグランジュの方法に従えば，すべてラグランジュの運動方程式として求めることができる．ラグランジュの方法のポイントは，運動量や力のベクトルを運動エネルギーやポテンシャルエネルギーなどのスカラー量の変化として捉えることである．ラグランジアンもスカラー量で，座標変換がかなり広い範囲で自由に行うことができることが分かってきた．また，適当な座標を導入することで循環座標を見出せば，その座標に共役な運動量が保存することから，運動方程式が簡単化されることが分かった．

　そこで考えられることは，運動方程式の座標によらない特徴づけができるのではないか？ ということである．例えば，幾何光学で光の軌跡は，「光路長が最短になる」という原理から定められることを知っている．最短距離の軌跡というのは座標のとり方によらないので，光の軌跡は座標によらない特徴づけができている．古典力学でこれに対応した原理が，これから紹介する変分原理である．

2.1 変分法

　変分法の考え方は今まで使われてきた論法とは少し違っている．ニュートンの運動方程式では，各時刻の位置と速度という近視眼的なものの見方をし，その各点各点での情報の積み重ねが粒子の軌道を定めた．一方で変分法ではここの例のように最初から光の軌跡全体，または滑り落ちるものの運動全体を考え，その全体を知ってはじめて定まる量，例えば軌跡の長さや滑り落ちるのに掛かる時間の長さなどにある条件を満たすことを要請する．

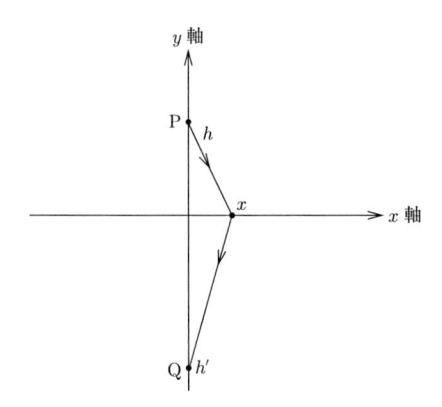

図 2.1 点 P から放射されたレーザー光が x 軸上の点 x で折れ曲がり
点 Q に至るときの仮想的な光の経路

2.1.1 光 の 直 進

変分法の例として，光の直進の問題を次のように簡単化して考えよう．2 次元座標を考え y 軸上の P から Q へレーザー光を放射したときの光の経路を光が最短距離を進むことを原理として求める．図 2.1 のように，仮想的に光が x 軸上を横切るときに折れ曲がる場合の光路を光の横切る点 x の関数として与え，それを最小にする点を求める．図から明らかなように，このような光の経路の全長 ℓ は

$$\ell = \sqrt{h^2 + x^2} + \sqrt{h'^2 + x^2} \tag{2.1}$$

で与えられる．最短距離を求めるには，ℓ の x による微分が 0 になる必要がある．その条件は

$$\frac{\partial \ell}{\partial x} = \frac{x}{\sqrt{h^2 + x^2}} + \frac{x}{\sqrt{h'^2 + x^2}} = x \frac{\ell}{\sqrt{h^2 + x^2}\sqrt{h'^2 + x^2}} \tag{2.2}$$

よって，$x = 0$ のときに極値をとるが，これが最短距離であることは明らかであろう．

2.1.2 屈 折 の 問 題

もう少し，複雑な例として次のような問題を考えてみよう．

2.1 変分法

―― 屈折の問題 ――――――――――――――――――――――――
図のように砂浜の点 P にいる人が，海の点 Q でおぼれている人を発見した．走る速さが V_1，泳ぐ速さが V_2 の人が，最も早く溺れている人にたどり着けるコースを決めよ．
―――――――――――――――――――――――――――――

点 P から海岸線までの距離を h_1，海岸線から点 Q までの距離を h_2 また海岸線方向に P と Q は距離 ℓ_0 だけ離れているとする．走るときの海への入射角を θ_1 とし，泳ぐときの海岸線からの方向を θ_2 で与えると，おぼれている人にたどり着くまでの時間は

$$T = \frac{h_1}{\cos\theta_1 V_1} + \frac{h_2}{\cos\theta_2 V_2} \tag{2.3}$$

で表される．一方，海岸線方向の移動距離 ℓ は，

$$\ell = h_1 \tan\theta_1 + h_2 \tan\theta_2 \tag{2.4}$$

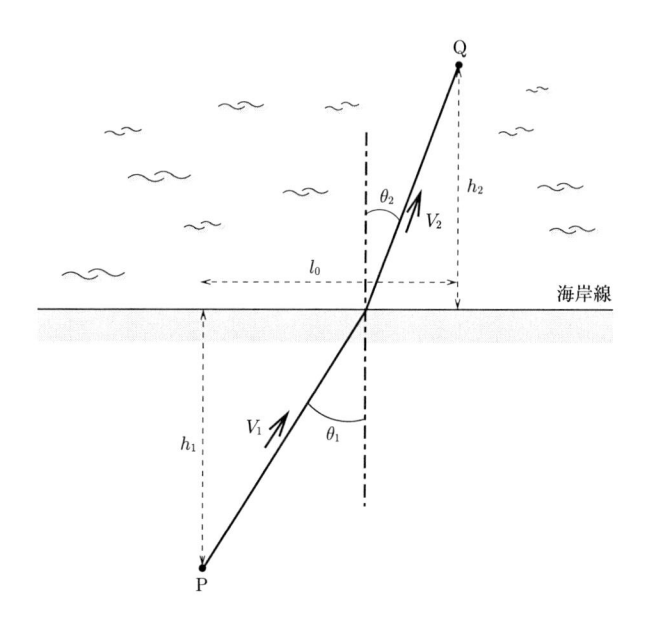

図 2.2 救助に行く人のコース
Q でおぼれている人を発見し，P から速度 V_1 で海岸線まで走りその後速度 V_2 で泳ぐ．

である.

そこで，この人命救助の問題は，$\ell = \ell_0$ 一定の条件の下で T が最小になるような入射角を求めよという問題に帰着する．この問題の答えは，θ_1 を $\delta\theta_1$ だけ変更したとき T の変化 δT が

$$\delta T = 0 \tag{2.5}$$

になる θ_1, θ_2 を求めればよい．まず，それぞれを $\delta\theta_1, \delta\theta_2$ だけ変化させたとき T の変化は

$$\delta T = \frac{h_1 \sin\theta_1}{\cos^2\theta_1 V_1}\delta\theta_1 + \frac{h_2 \sin\theta_2}{\cos^2\theta_2 V_2}\delta\theta_2 \tag{2.6}$$

である．ところが，θ_1 と θ_2 は $\ell = \ell_0$ で一定であることからお互いに関係している．実際，ℓ が変化しないという式を書くと

$$\delta\ell = \frac{h_1}{\cos^2\theta_1}\delta\theta_1 + \frac{h_2}{\cos^2\theta_2}\delta\theta_2 = 0 \tag{2.7}$$

なので

$$\delta\theta_2 = -\frac{h_1 \cos^2\theta_2}{h_2 \cos^2\theta_1}\delta\theta_1 \tag{2.8}$$

となる．この式を $\delta T = 0$ に代入すると

$$\delta T = \frac{h_1 \sin\theta_1}{\cos^2\theta_1 V_1}\delta\theta_1 - \frac{h_1 \sin\theta_2}{V_2 \cos^2\theta_1}\delta\theta_1 = 0 \tag{2.9}$$

なので，結果として

$$\frac{\sin\theta_1}{V_1} = \frac{\sin\theta_2}{V_2} \tag{2.10}$$

という屈折の法則 (スネルの法則) を得る．

2.1.3　最速降下線

以上の問題では変数は一点だけとして考えたが，実際に運動の問題を考えるときは，経路そのものをいろいろと変化させる必要がある．このように，経路を変化させて，ある量が極値をとる経路を求める方法を一般に**変分法** (variational method) と呼ぶ．そこで次に，典型的な変分法の問題を考えてみよう．

これは，滑り台に乗って降りるときに最も早く降りられる滑り台の形を求め

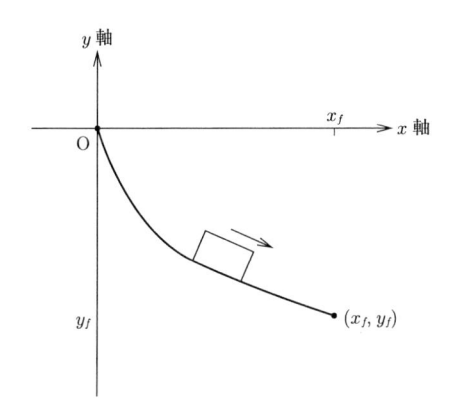

図 2.3 最速の滑り台
原点 O から (x_f, y_f) にまでの滑り台を滑り落ちる荷物

るものである．この曲線を**最速降下線** (brachistochrone curve) と呼ぶ．もう少し，正確に問題を設定しておくと次のようになる．

最速降下の問題

図 2.3 のように x-y 座標を取り，始点が原点に終点が (x_f, y_f) に固定された滑り台を考える．この滑り台の形を関数 $y = y(x)$ として表すとき，関数 $y(x)$ をどのようにとれば最も早く降りられるか．ただし，重力は $-y$ 方向にかかっているとし摩擦は考えない．

この問題を次のように考えて解く．滑り台を滑る質量 m の物体を考えその座標を $x(t)$，$y(t)$ とする．エネルギー保存則から

$$E = \frac{1}{2}m(\dot{x}^2 + \dot{y}^2) + mgy \tag{2.11}$$

が成り立つ．初速を 0 とするとエネルギーは $E = 0$ である．この式から，滑り台を滑り降りるのにかかる時間を表す式を求める．ここで，物体は滑り台にそって運動しているので

$$\frac{\dot{y}}{\dot{x}} = \frac{dy}{dt} \bigg/ \frac{dx}{dt} = \frac{dy}{dx} = y' \tag{2.12}$$

という関係を満たす．また，$1/\dot{x} = dt/dx$ なので，式 (2.11) を $1/\dot{x}$ について解いて y' で書き換えると

という関係を得る．滑り降りるまでの時間は，この式を積分することによって

$$\frac{dt}{dx} = \sqrt{\frac{1+y'^2}{-2gy}} \tag{2.13}$$

$$T = \int_0^T dt = \int_0^{x_f} \sqrt{\frac{1+y'^2}{-2gy}} dx \tag{2.14}$$

で与えられる．よって問題は，T を最小にする関数 $y(x)$ を求めよということになる．ただし，両端は固定されているので求める関数は $y(0) = 0, y_f = y(x_f)$ を満たす．

ここで，滑り降りるまでの時間 T は滑り台の形を与える関数 $y(x)$ が決まれば値が定まるので，関数の関数と考えられ $T[y]$ または $T[y(\cdot)]$ と書く．このように，ある関数 $y(x)$ が与えられれば値が決まる量のことを関数と区別して汎関数 (functional) と呼ぶ．

2.1.4　オイラー方程式

そこで，被積分関数を $F(y, y') = \sqrt{(1+y'^2)/(-2gy)}$ として，

$$T = \int_0^{x_f} F(y, y') dx \tag{2.15}$$

を最小にする関数 $y(x)$ を決める問題を考える．このように積分の値を最小にするような関数として定まる曲線を**停留曲線** (stationary curve) と呼ぶ．

停留曲線を与える関数 $y(x)$ は次のように考えると，ある微分方程式の解として求めることができる．まず，図のように始点と終点の間に N 個の点を間隔が Δx になるように決め，対応した滑り台上の点の座標を

$$x_n, \quad y_n = y(x_n) \quad (n = 0, \ldots, N+1) \tag{2.16}$$

とする．ただし，$x_0 = 0$, $x_{N+1} = x_f$, $\Delta x = x_f/(N+1)$ である．このようにして，関数 $y(x)$ を $N+1$ 本の線分で近似する．F の値を求めるには，微分係数 $y'(x_i)$ が必要である．これを，微分を差分に置き換え

$$\tilde{y}'(x_n) = \frac{y_{n+1} - y_n}{\Delta x} \tag{2.17}$$

を使って近似する．よって，x_n での F の値は

2.1 変　分　法

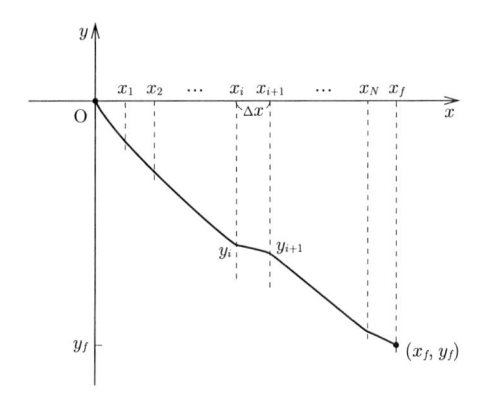

図 2.4　曲線の線分による近似

$$F(y(x_n), \tilde{y}'(x_n)) = F\left(y_n, \frac{y_{n+1}-y_n}{\Delta x}\right) \tag{2.18}$$

で近似することになり，滑り台を滑り降りる時間は

$$T(y_n) = \sum_{n=0}^{N} \Delta x F\left(y_n, \frac{y_{n+1}-y_n}{\Delta x}\right) \tag{2.19}$$

で与えられる．

このように，積分を和の形に書いてしまうと，我々の考えているのは N 個の変数 y_n の関数 $T(y_n)$ の極値問題に過ぎない．すると，極値の条件はすべての変数 y_n についての微分が 0 になることである．ただし，T を y_n で微分するときに式 (2.17) から $\tilde{y}'(x_n)$ と $\tilde{y}'(x_{n-1})$ のなかに y_n が含まれており

$$\frac{\partial \tilde{y}'(x_n)}{\partial y_n} = -\frac{1}{\Delta x}, \quad \frac{\partial \tilde{y}'(x_{n+1})}{\partial y_n} = \frac{1}{\Delta x} \tag{2.20}$$

となることに注意する．時間 T の y_n について微分は，よって

$$\frac{\partial T}{\partial y_n} = \Delta x \left[\frac{\partial F}{\partial y_n} - \frac{1}{\Delta x}\left(\frac{\partial F}{\partial \tilde{y}'(x_n)} - \frac{\partial F}{\partial \tilde{y}'(x_{n-1})}\right)\right] \tag{2.21}$$

となる．ここで分割点の数 N を大きくすると，Δx は 0 に近づき y_n で定まる折れ線は滑らかな曲線 $y(x)$ に近づく．一方，$\tilde{y}'(x_n)$ も曲線の微分 $y'(x_n)$ に近づく．よって，両辺を Δx で割って $N \to \infty$ の極限をとると，右辺は有限にな

り次の式を得る．

$$\frac{\delta T}{\delta y(x)} \equiv \lim_{\Delta x \to 0} \frac{\partial T}{\Delta x \partial y_n}\bigg|_{x_n = x} = \frac{\partial F}{\partial y} - \frac{d}{dx}\left(\frac{\partial F}{\partial y'}\right) \qquad (2.22)$$

$\delta T/\delta y(x)$ を汎関数微分 (functional derivative) と呼ぶ．汎関数微分 $\delta T/\delta y(x)$ は，x の関数になっている．N が有限のときの T が極値をとる条件は，各点 x_n での微分係数が 0 になることなので，極限の後では，この $\delta T/\delta y(x)$ が x のすべての点で 0 になることが条件になる．この条件は，$y(x)$ の満たすべき微分方程式

$$\frac{\partial F}{\partial y} - \frac{d}{dx}\left(\frac{\partial F}{\partial y'}\right) = 0 \qquad (2.23)$$

を与える．この微分方程式をオイラー (Euler) 方程式と呼ぶ．この方程式がラグランジュ方程式と同じ形をしていることから，変分法が古典力学の問題に深く関係していることが分かる．

2.1.5 最速降下線問題の解法

変分法の古典力学への応用は次の節でやることにして，今の問題を解いてしまおう．ここで考えている最速降下線問題では

$$F(y, y') = \sqrt{\frac{1 + y'^2}{-2gy}} \qquad (2.24)$$

なので，オイラー方程式 (2.23) は非常に複雑になる．ただし，オイラー方程式が，ラグランジュの運動方程式と同じ形をしていることに注目すると，(2.23) を直接解く必要はなくなる．つまり，エネルギー積分に相当する保存量を考えれば，その量が x によらないことを使う[*1]．そこで，その保存量を C とすると

$$C = y'\frac{\partial F}{\partial y'} - F = -\frac{1}{\sqrt{-(1+y'^2)2gy}} \qquad (2.25)$$

とかけるが，この C は x によらない．よって，解くべき方程式は

$$(1 + y'^2)y = c \qquad (2.26)$$

[*1] オイラー方程式とラグランジュ方程式を比べると，式 (2.23) では x 座標が時間の役割を果たしている

という一階微分方程式になる．ここで，積分定数を $c = -1/(2gC^2)$ に書き変えた．y' について解いた式 $\pm y' = \sqrt{c/y - 1}$ を積分することで，

$$\pm \int dx = \int dy \sqrt{\frac{y}{c-y}} \tag{2.27}$$

という関係式を得る．

最後に，この積分を実行するためには，

$$y = c \sin^2 \theta = \frac{1}{2} c (1 - \cos 2\theta) \tag{2.28}$$

とするとよい．この変換で $dy = 2c \sin\theta \cos\theta d\theta$，また被積分関数は $\tan\theta$ なので，式 (2.27) に代入すると

$$\pm x = \int 2c \sin^2 \theta d\theta = c \left(\theta - \frac{1}{2} \sin 2\theta \right) + c_1 \tag{2.29}$$

を得る．積分定数 c_1 は $\theta = 0$ で原点を通るので $c_1 = 0$ である．また，$c < 0$ から，式 (2.29) の複号の $-$ を採用する必要がある．よって，最速降下線の解は θ を媒介変数として

$$-x = c \left(\theta - \frac{1}{2} \sin 2\theta \right), \quad y = \frac{1}{2} c (1 - \cos 2\theta) \tag{2.30}$$

と書ける．これはサイクロイドである．定数 c は終点の条件でもとまる．終点での媒介変数の値を θ_f とすると，

$$x_f = -c \left(\theta_f - \frac{1}{2} \sin 2\theta_f \right), \quad y_f = \frac{1}{2} c (1 - \cos 2\theta_f) \tag{2.31}$$

を満たす．よって

$$x_f = \frac{-y_f (2\theta_f - \sin 2\theta_f)}{1 - \cos 2\theta_f} \tag{2.32}$$

で θ_f が定まり，

$$c = \frac{2 y_f}{1 - \cos 2\theta_f} \tag{2.33}$$

で c が求まる．

問題： 式 (2.30) が式 (2.25) を満たすことを確認せよ．

2.2 変 分 原 理

最速降下線の問題は，関数 $y(x)$ から定まる関数 $F(y,y')$ の積分値の極値を探す問題であった．変分法は，このような問題を解くときの手法であり，その条件は結果として関数 $y(x)$ の微分方程式，つまりオイラー方程式を導いた．このとき，$F(y,y')$ から導かれる停留曲線 $y(x)$ の満たすオイラー方程式と $L(q,\dot q)$ から導かれる運動 $q(t)$ の満たすラグランジュ方程式が同じ形をしていることが分かる．このことは，ラグランジュ方程式を $L(q,\dot q)$ の積分の極値問題として定式化できることを示唆している．

2.2.1 変分法とラグランジュ方程式

ラグランジュ方程式を変分法を使って定式化するのに必要な量は

$$S[q] = \int_a^b L(q,\dot q,t)dt \tag{2.34}$$

である．この S を作用または作用積分と呼ぶ．作用は物体の軌道 $q(t)$ が決まれば値が決まる汎関数で，$S[q(\cdot)]$ と書くこともある．前節ではこの変分問題を，積分を有限の点での関数の値の和に書き換えることによって解いたが，この節では同じ問題を関数の変分による方法でオイラー方程式の導出を行ってみよう．

そこで，図のようにある軌道 $q(t)$ とそこから少しだけずれた軌道 $\tilde q(t)$ を考える．2つの軌道のずれは非常に小さく，その差を

$$\delta q(t) = \tilde q(t) - q(t) = \epsilon(t) \tag{2.35}$$

とすると，$\epsilon(t)$ は t のすべての値で微小量とする．ただし，軌道は始点と終点を固定する．つまり $\epsilon(a) = \epsilon(b) = 0$ である．また，$\epsilon(t)$ は十分滑らかな関数で $\dot\epsilon(t)$ も t のすべての値で微小量とする．

このとき，作用の変化を ϵ と $\dot\epsilon$ の1次まで求めると

$$\begin{aligned}
\delta S[q] &= S[\tilde q] - S[q] \\
&= \int_a^b L(\tilde q,\dot{\tilde q})dt - \int_a^b L(q,\dot q)dt \\
&= \int_a^b [L(q+\epsilon,\dot q+\dot\epsilon) - L(q,\dot q)]dt \\
&= \int_a^b \left[\epsilon\frac{\partial}{\partial q}L(q,\dot q) + \dot\epsilon\frac{\partial}{\partial \dot q}L(q,\dot q)\right]dt
\end{aligned} \tag{2.36}$$

2.2 変分原理

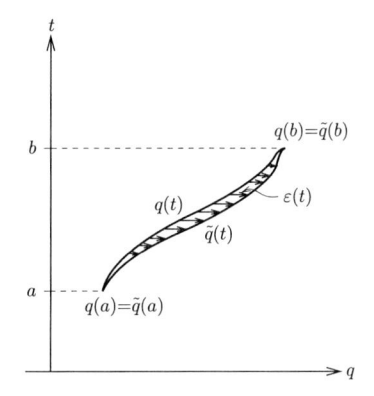

図 2.5 軌道の変分
$t = a$ に $q(a)$ を始点とし $t = b$ に $q(b)$ に至る軌道 $q(t)$ と各時刻で微小量 $\varepsilon(t)$ だけ異なる軌道 $\tilde{q}(t)$. 変分は始点と終点は共通にとっている.

を得る．ここで，部分積分を行って $\dot{\epsilon}$ が積分中に現れないように変形すると

$$\begin{aligned}\delta S[q] &= \int_a^b \left[\epsilon \frac{\partial}{\partial q} L(q,\dot{q}) - \epsilon \frac{d}{dt}\frac{\partial}{\partial \dot{q}} L(q,\dot{q})\right] dt + \int_a^b \frac{d}{dt}\left[\epsilon \frac{\partial}{\partial \dot{q}} L(q,\dot{q})\right] dt \\ &= \int_a^b \epsilon \left[\frac{\partial}{\partial q} L(q,\dot{q}) - \frac{d}{dt}\frac{\partial}{\partial \dot{q}} L(q,\dot{q})\right] dt + \left[\epsilon \frac{\partial}{\partial \dot{q}} L(q,\dot{q})\right]\Bigg|_a^b \quad (2.37)\end{aligned}$$

となる．ここで求めたのは，作用 $S[q]$ の軌道 $q(t)$ が $\delta q = \epsilon$ だけ少し変化した時の変化 δS である．これを変分と呼ぶ．

さて，今は始点と終点を固定した変分を考えているので，部分積分のときに現れる境界の寄与は 0 で，式 (2.37) の第 1 項だけが残る．関数の最小値の必要条件は一回微分が 0 になることだったように，作用 S が軌道の変化に対して最小値を取るときは，上の変分が 0 になるはずである．これは，式 (2.37) の ϵ に掛かる括弧内が消えることを意味するので，結果的に

$$\frac{\partial}{\partial q} L(q,\dot{q}) - \frac{d}{dt}\frac{\partial}{\partial \dot{q}} L(q,\dot{q}) = 0 \quad (2.38)$$

を得る．このように，作用に対して変分法を適用することによってラグランジュの方程式が得られる．このことから，ラグランジュ方程式のことを，オイラー–ラグランジュ(Euler-Lagrange) 方程式とも呼ぶ．

2.2.2 変分原理(ハミルトンの原理)

前節では,1変数 q の場合だけについてのオイラー方程式を導いたが,変分を多変数の場合に拡張するのは容易である.運動の自由度が多い場合も,一般化座標を $q^i(t)$ とすると運動は作用積分の極値として定めることができる.これを変分原理 (variational principle) またはハミルトン (Hamilton) の原理と呼ぶ[*2].

変分原理

一般化座標を q^i とし,作用を

$$S = \int L(q, \dot{q}, t) dt \tag{2.39}$$

とすると,運動はこの作用 S が極値をとるように実現される.

実際,1自由度のときと同じように,それぞれの軌道の微小なずれを

$$\delta q^i(t) = \epsilon^i(t) \tag{2.40}$$

とする.それぞれの微小変化 $\epsilon^i(t)$ が独立なので,q^i について,変分 (2.37) を繰り返すことで,変分原理から,座標 q^i に関するオイラー–ラグランジュの方程式

$$\frac{\partial}{\partial q^i} L(q, \dot{q}) - \frac{d}{dt} \frac{\partial}{\partial \dot{q}^i} L(q, \dot{q}) = 0 \tag{2.41}$$

を得ることができる.

a. 最小作用の原理

エネルギーが一定の条件のもとで作用が最小になることを原理とする方法もある.これは,歴史的には最小作用の原理 (principle of least action) またはモーペルテュイ (Maupertuis) の原理と呼ばれる.現在では,最小作用の原理というとハミルトンの原理をさすことが多い.

[*2] ここで,ラグランジアンは一般化座標 q^i の関数なので $L(q^1, q^2, \cdots, q^N, \dot{q}^1, \cdots \dot{q}^N, t)$ と書くべきだが,式を見やすくするために単に $L(q, \dot{q})$,また多変数であることを強調する場合 $L(q^i, \dot{q}^i)$ と表記する.

変分原理の神秘性

変分法によって運動の法則を与えるとき，ハミルトンの原理にしろモーペルテュイの原理にしろ，その表現から何か物体が目的をもって運動を決定しているようにとれる．このことは神秘的な印象を与え，当時の哲学にも少なからず影響を与えた．現在では，量子力学の経路積分 (path integral) による定式化に基づいて考えると，粒子は目的を持って運動しているのではなく，闇雲にあらゆる可能な運動方法を試してみて，その中で一番作用が小さくなるところが古典的な運動として実現されているだけに過ぎないと解釈できる．このように考えると，変分原理の何か神秘的な印象も薄れてくる．

2.3 対称性と保存則

このようにハミルトンの原理による運動方程式の定式化は，新たな問題解法の道を開いてくれる．運動方程式を解く鍵はできるだけ多くの保存量を見つけることで，ラグランジュの方法ではこれは座標変換を行ってできるだけ多くの循環座標を見つけることに帰着する．では，変分原理に基づく方法ではこの関係はどのように見えるのだろうか？

2.3.1 ネーターの定理

考えている系がある対称性を持つと，それに伴い保存量が存在することが知られている．これをネーター (Noether) の定理と呼ぶ．例えば，中心力の下での運動では，系は回転対称性を持つ．一方で角運動量が保存していることをすでに議論した．この場合，回転対称性があるということは，ラグランジアンが顕に角度変数 ϕ によらないことを意味する．つまり，角度変数が循環座標になっており，その共役運動量としての角運動量が保存していると考えることができる．このように考えることで，ネーターの定理のひとつの例になっている．

変分原理を使うと，このネーターの定理の，より一般的な証明を与えることができる．いま，ある対称性に伴う無限小変換を考える．一般に，時間の尺度の変換も許すような変換を考え，座標系 $(q^i(t), t)$ から新しい座標系 $(q'^i(t'), t')$ への変換を

$$t \implies t' = t + \delta t(t)$$
$$q^i(t) \implies q'^i(t') = q^i(t) + \delta q^i(t) \tag{2.42}$$

と定義する*3). このとき,系がこの対称性の変換で不変であるとは,2つの座標系で計算した作用 I と I'

$$I = \int_{t_1}^{t_2} dt L = \int_{t_1}^{t_2} dt L\left(q(t), \frac{dq}{dt}\right)$$
$$I' = \int_{t'_1}^{t'_2} dt' L' = \int_{t'_1}^{t'_2} dt' L\left(q'(t'), \frac{dq'}{dt'}\right) \tag{2.43}$$

が等しいことを意味する.

ここで,時間の尺度の変換も許したことから, I' の定義では積分変数の変換

$$dt' = \left(1 + \frac{d\delta t}{dt}\right) dt \tag{2.44}$$

も考慮しなければならない.よって,変換による作用の変化は

$$\delta I = I' - I = \int_{t'_1}^{t'_2} dt' L' - \int_{t_1}^{t_2} dt L = \int_{t_1}^{t_2} dt \left[\left(1 + \frac{d\delta t}{dt}\right) L' - L\right]$$
$$= \int_{t_1}^{t_2} dt \left[L' - L + \frac{d\delta t}{dt} L\right] \tag{2.45}$$

である.ここで L' は変換後の座標で求めたラグランジアンだが,そこに現れる速度も,積分変数と同様に

$$\frac{dq(t)}{dt} \to \frac{dq'(t')}{dt'} = \frac{1}{1 + d\delta t/dt}\left(\frac{dq(t)}{dt} + \frac{d\delta q(t)}{dt}\right)$$
$$= \dot{q}(t) + \frac{d\delta q(t)}{dt} - \frac{d\delta t}{dt}\dot{q}(t) \tag{2.46}$$

のように時間の尺度の変換の影響を受けることを注意しなければならない.

これらの結果を合わせると,作用の変化は

$$\delta I = \int_{t_1}^{t_2} \left[\delta L + \frac{d\delta t}{dt} L\right]$$

---

*3) 時間の変換 $t'(t)$ は時間の向きが変わることがないように単調増加関数と仮定している.

$$
\begin{aligned}
&= \int_{t_1}^{t_2} \left[\frac{\partial L}{\partial q}\delta q + \frac{\partial L}{\partial \dot{q}}\left(\frac{d\delta q(t)}{dt} - \frac{d\delta t}{dt}\dot{q}(t) \right) + \frac{d\delta t}{dt} L \right] \\
&= \int_{t_1}^{t_2} \left[\left(\frac{\partial L}{\partial q} - \frac{d}{dt}\frac{\partial L}{\partial \dot{q}} \right)(\delta q - \delta t \dot{q}(t)) \right. \\
&\qquad\qquad \left. + \frac{d}{dt}\left(\frac{\partial L}{\partial \dot{q}}(\delta q(t) - \delta t \dot{q}(t)) + \delta t L \right) \right] \quad (2.47)
\end{aligned}
$$

を得る．最後の式の最初の項は運動方程式から δI に寄与しない．2 項目は時間の全微分なので，

$$
G(t) = \frac{\partial L}{\partial \dot{q}}(\delta q(t) - \delta t \dot{q}(t)) + \delta t L \quad (2.48)
$$

で $G(t)$ という量を定義すると，

$$
\delta I = \int_{t_1}^{t_2} \frac{d}{dt} G(t) = G(t_2) - G(t_1) \quad (2.49)
$$

もし変換によって $I' = I$，つまり変換が作用を不変に保つならばこの G が保存する．これは，ラグランジアンに対称性があれば保存量が得られることを示しておりネーターの定理の証明のひとつになっている．

2.3.2 ネーターの定理の例

a. 時間並進対称性

例えば，時間並進の変換は

$$
\delta t = \epsilon, \quad \delta q = 0 \quad (2.50)
$$

とすれば得られる．作用が不変とすると，

$$
G = -\epsilon \left(\frac{\partial L}{\partial \dot{q}}\dot{q}(t) - L \right) = -\epsilon E \quad (2.51)
$$

で $\epsilon \neq 0$ なので，エネルギー E の保存を得る．

b. 並進対称性

空間方向への並進は

$$
\delta t = 0, \quad \delta q = \epsilon \quad (2.52)
$$

で与えられる．すると

$$
G = -\epsilon \left(\frac{\partial L}{\partial \dot{q}} \right) = -\epsilon p \quad (2.53)
$$

で座標 q に共役な運動量 p の保存を得る．

c. 回転対称性

座標変数をベクトル r，無限小回転のベクトルを ϵ とすると，座標の無限小回転は，
$$\delta t = 0, \quad \delta r = \epsilon \times r \tag{2.54}$$
で定義される．式 (2.48) に代入して，整理すると
$$G = \epsilon \cdot (x \times p) \tag{2.55}$$
となる．よって，ネーターの定理は角運動量 $L = x \times p$ の保存を導く．

問題： 式 (2.54) の無限小ベクトルを $\epsilon = (0, 0, \epsilon)$ として，ネーターの定理から角運動量の z 成分の保存則が得られることを確認せよ．

2.4 変分法と拘束系

ラグランジュの方法を使うと，拘束があるような場合でもうまく座標変換をすることで問題が簡単になる場合があることを少し説明した．ここでは，さらに一般の拘束がある場合の問題を変分法を使って考えてみる．

2.4.1 ラグランジュの未定係数法

例えば，ジェットコースターのようにレールに乗った物体の運動を古典力学の問題として解くことを考えよう．これは，拘束条件をおいた場合の力学の問題になる．簡単のために以下では摩擦力は考えない．変分原理を使うと次のように拘束条件があるときの取り扱いが簡単になる．

いま，N 個の一般化座標 $q^1, \ldots, q^N$ の間に
$$f^\mu(q^i) = 0 \quad \mu = 1, \ldots, h \tag{2.56}$$
という h 個の拘束条件がついているとしよう．このとき変分原理は
$$\delta S = \delta \int L(q, \dot{q}, t) dt = \int \sum_{i=1}^{N} \left(-\frac{d}{dt} \frac{\partial L}{\partial \dot{q}^i} + \frac{\partial L}{\partial q^i} \right) \delta q^i \tag{2.57}$$
とかける．ところが，座標の中で本当に独立な変数と思えるのは $N - h$ 個だから，オイラー–ラグランジュ方程式を導き出したように，δq^i すべてが独立として括弧内を 0 とおくわけにはいかない．実際，拘束条件を変分してやると

2.4 変分法と拘束系

$$\delta f^\mu(q) = \sum_{i=1}^{N} \frac{\partial f^\mu}{\partial q^i} \delta q^i = 0 \tag{2.58}$$

となるので，変分 δq^i の間に拘束条件の数と同じ h 個の関係があることになる．このような拘束のある場合に，変分原理を適用する方法を解説する．

まず簡単のために，拘束条件が 1 個の場合を考える．最も直接的な方法は，式 (2.58) を

$$\delta q_N = -\frac{1}{\partial f/\partial q^N} \sum_{i=1}^{N-1} \frac{\partial f}{\partial q^i} \delta q^i \tag{2.59}$$

のように解いて，変分 (2.57) の中に代入し $\delta q^1,\ldots,\delta q^{N-1}$ の係数を 0 とおくことだろう．これによって $N-1$ 個の独立な方程式を得ることができる．もちろん，拘束条件も $q^N = q^N(q^1,\ldots,q^{N-1})$ と解く必要がある．しかし，この方法では，拘束条件の数が増えるにつれて複雑になり見通しが悪い．

ここで，非常にうまい方法がある．まず，拘束条件からくる関係 (2.58) を解くことなく，逆に，変分を未定の関数 λ を使って

$$\sum_{i=1}^{N} \left[\left(-\frac{d}{dt}\frac{\partial L}{\partial \dot{q}^i} + \frac{\partial L}{\partial q^i} \right) + \lambda \frac{\partial f}{\partial q^i} \right] \delta q^i = 0 \tag{2.60}$$

と書き直す．このとき，新しく加えた λ に比例する項は 0 なので変分条件は変わっていない．問題は，変分すべてが独立にとれないことだから，δq^N の係数が 0 になるように，

$$\left(-\frac{d}{dt}\frac{\partial L}{\partial \dot{q}^N} + \frac{\partial L}{\partial q^N} \right) + \lambda \frac{\partial f}{\partial q^N} = 0 \tag{2.61}$$

を満たすように λ を決定する．変分の係数にその λ を代入したとき，残りの変分の係数は独立と思ってよいので，(δq_i の係数 $= 0$) から $N-1$ 個の方程式

$$\left(-\frac{d}{dt}\frac{\partial L}{\partial \dot{q}^i} + \frac{\partial L}{\partial q^i} \right) + \lambda \frac{\partial f}{\partial q^i} = 0 \tag{2.62}$$

($i=1,\ldots,N-1$) が得られる．ところが，すぐに分かるように，式 (2.61) と式 (2.62) は，N 個の変数について同じ形をしており，どの式が λ を決める式で，どの式を運動方程式と思うかは自由である．

この方程式は $L + \lambda f$ という新しいラグランジアンで N 個の一般座標に拘束

条件がないと思って出した方程式に等しいことが分かる．一般に，拘束条件が複数個あっても同じことがいえることは簡単にわかるだろう．

そこで，次のようなラグランジュの未定係数法が確立された．

ラグランジュの未定係数法

N 個の一般化座標 q^i が，h 個の拘束条件

$$f^\mu(q^i) = 0 \tag{2.63}$$

を満たしながら運動しているときの運動方程式は，h 個の未定係数を $\lambda_\mu(q,\dot{q})$ ($\mu = 1,..,h$) として

$$\delta \int dt \left(L(q,\dot{q},t) + \sum_{\mu=1}^{h} \lambda_\mu f^\mu(q) \right) = 0 \tag{2.64}$$

をすべての座標に関して独立であるとして変分原理を適用することで得られる．

実際，変分を実行してオイラー–ラグランジュの方程式を求めると，

$$\left(-\frac{d}{dt}\frac{\partial L}{\partial \dot{q}^i} + \frac{\partial L}{\partial q^i} \right) + \sum_{\mu=1}^{h} \lambda_\mu \frac{\partial f^\mu}{\partial q^i} = 0 \qquad (i = 1,\ldots,N) \tag{2.65}$$

となり，確かに式 (2.61) と式 (2.62) を合わせたものが得られる．この方程式を $f^\mu(q^i) = 0$ の条件[*4]のもとで解けば運動方程式の解を求めることができる[*5]．このとき，未定係数 λ_μ を含むようなみかけの力は，拘束力を与えている．

2.4.2 ラグランジュの未定係数法の応用例

a. 屈折の法則

変分法の例として 2.1.2 項で取り上げた問題は，拘束つきの変分問題と考え，ラグランジュの未定係数を使って解くことができる．この問題では拘束条件は $\ell = \ell_0$ である．そこで，式 (2.3) の時間 T の極値を求める代わりに

$$S = T + \lambda(\ell - \ell_0) \tag{2.66}$$

[*4] さらに，拘束条件は λ を独立な変数と思って，変分することによって得られることに注意．

[*5] 一般に λ_μ は q によるので，その変分 $\delta\lambda_\mu$ も考えられるが係数が拘束条件 $f^\mu(q^i)$ なので運動方程式に寄与しない．

とおき，S の極値を $\delta\theta_1, \delta\theta_2$ が独立と思って求める．S の変分は，

$$\begin{aligned}\delta S &= \left(\frac{h_1 \sin\theta_1}{\cos^2\theta_1 V_1}\delta\theta_1 + \frac{h_2 \sin\theta_2}{\cos^2\theta_2 V_2}\delta\theta_2\right) + \lambda\left(\frac{h_1}{\cos^2\theta_1}\delta\theta_1 + \frac{h_2}{\cos^2\theta_2}\delta\theta_2\right) \\ &= \frac{h_1}{\cos^2\theta_1}\left(\frac{\sin\theta_1}{V_1} + \lambda\right)\delta\theta_1 + \frac{h_2}{\cos^2\theta_2}\left(\frac{\sin\theta_2}{V_2} + \lambda\right)\delta\theta_2 \end{aligned} \quad (2.67)$$

なので，変分が 0 になる条件は θ_1, θ_2 を独立と思うと

$$\frac{\sin\theta_1}{V_1} + \lambda = 0 , \quad \frac{\sin\theta_2}{V_2} + \lambda = 0 \quad (2.68)$$

の 2 式になる．まず，1 つの条件を使って λ を求める．これを，残りに代入することで

$$\frac{\sin\theta_1}{V_1} - \frac{\sin\theta_2}{V_2} = 0 \quad (2.69)$$

という屈折の法則を得る．

b. 振り子の運動

重力がかかっている，平面上の粒子のラグランジアンを極座標で書くと

$$L = \frac{1}{2}m(\dot{r}^2 + r^2\dot{\theta}^2) + mgr\cos\theta \quad (2.70)$$

である．このとき，振り子であるから $r = \ell$ という拘束条件がある．これを，ラグランジュの未定係数法を使って解く．

$$L' = L + \lambda(r - \ell) \quad (2.71)$$

から得られる運動方程式は

$$\begin{aligned} m\ddot{r} &= mr\dot{\theta}^2 - mg\cos\theta + \lambda \\ mr^2\ddot{\theta} &= -mgr\sin\theta \end{aligned} \quad (2.72)$$

である．最初の式から $\lambda = m\ddot{r} - mr\dot{\theta}^2 + mg\cos\theta = mg\cos\theta - m\ell\dot{\theta}^2$ を得る．この λ は，振り子の張力，つまり大きさが遠心力と重力の動径方向の成分の和と等しく向きが逆の力になっている．つまり，この方法では λ が動径方向の力を打ち消し，結果として振り子に働く動径方向の力はつりあって加速度が 0 となっている．2 番目の方程式はもちろん $r = \ell$ と置くと，振り子の方程式を与える．

3 ハミルトン形式

ラグランジュの方法を使うことによって，かなり自由に座標変換ができ，いずれの座標系においてもラグランジュ方程式が運動方程式をその座標系で直接与えることを見た．また，変分原理の立場では，この座標変換が作用を与える積分における単なる積分変数の変換と見ることができる．変分原理が作用のみ，つまり積分の値のみにより定式化されているので，積分の変数のとり方によらず，結果としてどのような座標をとっても運動方程式の形が変わらない．

古典力学の問題は，この座標変換の自由度を使って，できるだけよい座標，つまりできるだけ多くの循環座標を見つけることによって簡単化することができる．このような観点からさらに広い変数変換の自由度があればよいと思われる．

以下で説明するハミルトンの方法では，一般化座標とその共役運動量の作る $6N$ 次元の空間上の正準方程式が運動方程式を与える．運動を記述する空間の次元が増したことにより座標変換の可能性も広がる．

3.1 ハミルトニアンと正準方程式

ハミルトンの方法では，ハミルトニアンが中心的役割を果たす．ハミルトニアンは，式としてはエネルギー積分と同じ形をしている．だが，そこに現れる座標と運動量は力学変数であり，正準方程式がその変数に関する運動方程式を与える．正準方程式とラグランジュの運動方程式はルジャンドル変換で関係しており等価であることが分かる．

3.1.1 ルジャンドル変換

まず最初に，正準方程式を構成するのに必要なルジャンドル (Legendre) 変換について解説しておこう．ルジャンドル変換は熱力学における変数変換の手

法としてよく知られているが，ここでは古典力学への応用のため，その一般形を定義する．

n 個の変数 $x^i \, (i = 1, \ldots, n)$ の関数 $F(x) = F(x^1, \ldots, x^n)$ が与えられたとき，

$$w_i = \frac{\partial F(x)}{\partial x^i} = w_i(x^1, \ldots, x^n) \tag{3.1}$$

で定義される新しい変数 w_i の関数 $G(w) = G(w_1, \ldots, x_n)$ を

$$G(w) = \sum_i x^i(w) w_i - F(x(w)) \tag{3.2}$$

で定義する．ここで $x^i(w)$ は関係式 (3.1) から x^i を w_i の関数として解きなおしたことを意味する．この変換 $F(x^1, \ldots, x^n) \to G(w_1, \ldots, w_n)$ で求まった関数 G を F のルジャンドル変換と呼ぶ．ルジャンドル変換の特徴的な点は，その逆変換 $G(w_1, \ldots, w_n) \to F(x^1, \ldots, x^n)$ がやはりルジャンドル変換として書けるところにある．

逆変換が再びルジャンドル変換になることを見るために式 (3.2) の F のルジャンドル変換 $G(w)$ の微分を求めると

$$\begin{aligned} dG(w) &= \sum_i (w_i dx^i + x^i dw_i) - \frac{\partial F(x)}{dx^i} dx^i \\ &= \sum_i x^i dw_i + \sum_{i,j} \left(w_i - \frac{\partial F}{\partial x^i} \right) \frac{\partial x^i}{\partial w_j} dw_j \end{aligned} \tag{3.3}$$

という関係を得る．ここで，括弧の中がルジャンドル変換の式 (3.1) で 0 なので結局

$$\frac{\partial G}{\partial w_i} = x^i \tag{3.4}$$

を得る．この関係式が，丁度 $G(w)$ のルジャンドル変換に現れる座標変換 $w_i \to x^i$ の式になっている．そこで，G のルジャンドル変換を

$$\tilde{F}(x) = \sum_i x^i w_i(x) - G(w(x)) \tag{3.5}$$

とすると，式 (3.2) と式 (3.5) から $\tilde{F} = F$ となる．よって，G のルジャンドル変換は F のルジャンドル変換の逆変換になっている．式 (3.2) と式 (3.5) は同じ関係式であるが，どれを独立変数と思っているかに注意しなければならない．

この変換は，一部の変数に関してだけ行うことができる．例えば

$$F(x, y) \tag{3.6}$$

に対して，ルジャンドル変換 $F(x,y) \to G(w,y)$ を

$$w = \frac{\partial F}{\partial x} \tag{3.7}$$

$$G(w, y) = wx(w, y) - F(x(w, y), y) \tag{3.8}$$

で定義する．ただし，式 (3.8) の右辺の $x = x(w,y)$ は式 (3.7) を x に関して解いて得られる関数である．このとき変換は y によっているのだが y 自身は変換されない．y のような変数を**スペクテータ** (spectator) と呼ぶ．

逆変換を見るために変換後の関数 G の微分をとると

$$dG = x\,dw + \left(w - \frac{\partial F}{\partial x}\right)dx - \frac{\partial F}{\partial y}dy \tag{3.9}$$

となる．スペクテータのないときと同様に，2 項目は変換式 (3.7) から 0 になり，変数 y は w とは独立な変数であるから次の逆変換の式を得る．

$$\frac{\partial G}{\partial w} = x \tag{3.10}$$

また式 (3.9) より，スペクテータ y に関する微分は

$$\frac{\partial G}{\partial y} = -\frac{\partial F}{\partial y} \tag{3.11}$$

という関係があることが分かる．

3.1.2　ハミルトニアン

この変換を，運動方程式に適用してみよう．自由度が N の系のラグランジアンは

$$L = L(q^1, \cdots, q^N, \dot{q}^1, \cdots, \dot{q}^N, t) \tag{3.12}$$

で与えられる．ここで，速度変数だけをルジャンドル変換し一般化座標 q^i 自身はスペクテータとして扱う．これは，共役運動量の定義式が

$$p_i = \frac{\partial L}{\partial \dot{q}^i} \tag{3.13}$$

3.1 ハミルトニアンと正準方程式

なので,これをルジャンドル変換に現れる座標変換 $\dot{q}^i \to p_i$ と見ることができるからである.ラグランジアンのルジャンドル変換は

$$H = \sum_{i=1}^{N} p_i \dot{q}^i - L \tag{3.14}$$

で与えられる. H は (q^i, p_i, t) の関数でハミルトニアン[*1]と呼ばれる.

一般論より,ルジャンドル変換 $L(q^i, \dot{q}^i, t) \to H(q^i, p_i, t)$ において次の関係が得られる.

$$\begin{cases} p_i = \dfrac{\partial L}{\partial \dot{q}^i} \\ H(p, q, t) = \sum_i p_i \dot{q}^i - L \end{cases} \quad \begin{cases} \dot{q}^i = \dfrac{\partial H}{\partial p_i} \\ L(q, \dot{q}, t) = \sum_i p_i \dot{q}^i - H \end{cases} \tag{3.15}$$

このとき,変換によって独立変数が $(q^i, \dot{q}^i)$ から (q^i, p_i) になっていることに注意して欲しい.

ラグランジュの運動方程式は,もとの変数 $q, \dot{q}$ 上で書くと

$$\dot{p}_i(q, \dot{q}) = \frac{\partial L}{\partial q^i} \tag{3.16}$$

で与えられる.ここで,p_i は q^i と $\dot{q}^i$ で書けている事を強調した.一方 q^i はスペクテータなので,

$$\frac{\partial L}{\partial q^i} = -\frac{\partial H}{\partial q^i} \tag{3.17}$$

という関係が成り立つ.よって,変換後ラグランジュの運動方程式は

$$\dot{p}_i = -\frac{\partial H}{\partial q^i} \tag{3.18}$$

と書ける.この方程式では,独立変数は q^i, p_i で運動方程式は 1 階の微分方程式になっている.以上結果をまとめると運動方程式は次のような新しい二組の方程式に置き換わる.

[*1] ハミルトニアンはあくまで関数 p, q を使って表された関数である.一方,この式はエネルギーの式と同じだが,エネルギーが保存するとは関数 p, q が運動方程式の解になっているときのみ成り立つ.

3.1.3 正準方程式

ラグランジアン L が与えられると，$\dot{q}^i$ に関するルジャンドル変換によって，独立変数を共役運動量

$$p_i = \frac{\partial L(q, \dot{q}, t)}{\partial \dot{q}^i} \tag{3.19}$$

と q^i にとることができる．このとき，ラグランジアンのルジャンドル変換

$$H(q, p) = \sum_i p_i \dot{q}^i(q, p) - L(q, \dot{q}(q, p), t) \tag{3.20}$$

としてハミルトニアンが定義される．このハミルトニアンと変数変換 $(q^i, \dot{q}^i) \to (q^i, p_i)$ によって，N 個の 2 階微分方程式だった運動方程式が次のような正準方程式 (canonical equation) と呼ばれる $2N$ 個の 1 階の微分方程式に代わる．

正準方程式

$$\dot{q}^i = \frac{\partial H}{\partial p_i} \tag{3.21}$$

$$\dot{p}_i = -\frac{\partial H}{\partial q^i} \tag{3.22}$$

ここで，式 (3.21) は逆ルジャンドル変換で $\dot{q}^i$ を与える式であり，式 (3.22) はルジャンドル変換後のラグランジュ方程式である．

一般化座標 q^i の張る N 次元空間を配位空間と呼ぶのに対し，ルジャンドル変換後の独立変数 (q^i, p_i) で張られる $2N$ 次元の空間を位相空間 (phase space) または単に相空間と呼ぶ．また，相空間の座標 (q^i, p_i) を**正準座標** (canonical coordinate) と呼ぶ．相空間上の各点は粒子系のある状態に対応しており，正準方程式は相空間内のある軌道として粒子系の運動を定める方程式と考えることができる．

3.1.4 変分原理と正準方程式

正準方程式について，変分原理の立場から考えてみよう．変分原理は配位空間の座標 q^i の変分として定義されるので，まずハミルトニアンを使ってラグランジアンを表すとルジャンドルの逆変換の式から

$$L = \sum_i p_i \dot{q}^i - H(p_i, q^i, t) \tag{3.23}$$

で与えられる．このとき，p_i は式 (3.21) によって $(q, \dot{q})$ の関数として表されていると考える．そこで変分原理を適用すると

$$\begin{aligned}
\delta S &= \delta \int dt \left[\sum_i p_i \dot{q}^i - H(p_i, q^i, t) \right] \\
&= \int dt \left[\sum_i (\delta p_i \dot{q}^i + p_i \delta \dot{q}^i) - \delta H(p_i, q^i, t) \right] \\
&= \int dt \sum_i \left[\delta p_i \left(\dot{q}^i - \frac{\partial H}{\partial p_i} \right) + \delta q^i \left(-\dot{p}_i - \frac{\partial H}{\partial q^i} \right) \right]
\end{aligned} \quad (3.24)$$

もちろん，極値条件としてそれぞれの変分の係数を単に 0 と思うわけにはいかない．変分はあくまで δq^i を考えるので，一項目の δp_i は $(q, \dot{q})$ の変分で書き直さなければならない．ところが，一項目の括弧の中はルジャンドル変換で p_i を $(q, \dot{q}, t)$ の関数として与える式 (3.21) が成り立つことから 0 になる．そこで，極値の条件（運動方程式）として (第 2 項)= 0 を得る．これで，正準方程式の式 (3.22) が得られた．

ところが，変分 (3.24) の δp_i と δq^i の係数を見れば分かるように，正準方程式は，(p, q) が独立変数と思って式 (3.23) の時間積分を作用として変分すれば得られることがわかる．そこで，正準方程式を相空間内での運動を定める $2N$ 個の独立変数に対する方程式と考えると，この運動は次の相空間での変分原理として定式化することができる．

相空間における変分原理

正準方程式で決まる相空間 (q^i, p_i) 内の運動は作用

$$S = \int dt \left(\sum_i \dot{q}^i p_i - H(q, p, t) \right) \quad (3.25)$$

の極値として実現される．

3.1.5 1 次元調和振動子と正準方程式

正準方程式の例として，質量 m の点粒子の 1 次元の調和振動子ポテンシャル $U(q) = (1/2) m\omega^2 q^2$ 中の運動を解析してみよう．ラグランジアンは

$$L = \frac{1}{2} m \dot{q}^2 - \frac{1}{2} m \omega^2 q^2 \quad (3.26)$$

である．ただし ω は定数である．共役運動量は自由粒子の場合と同じ

$$p = m\dot{q} \tag{3.27}$$

で与えられるので，ハミルトニアンは

$$H = \frac{1}{2m}p^2 + \frac{1}{2}m\omega^2 q^2 \tag{3.28}$$

となる．よって，正準方程式は，

$$\dot{q} = \frac{1}{m}p \ , \quad \dot{p} = -m\omega^2 q \tag{3.29}$$

の 2 個の一階微分方程式である．

1 次元調和振動子の問題は基本的なので，相空間中ではどのような運動をしているのか見ておこう．そこで，$t=0$ における初期値が $q(0), p(0)$ のときの，この方程式の解を求めてみる．正準方程式 (3.29) の一般解は，

$$q(t) = A\cos(\omega t) + B\sin(\omega t) \ , \quad p(t) = m\dot{q}(t) \tag{3.30}$$

で与えられる．この一般解の求め方は後で詳しく解説するが，ここでは実際に代入することで確認して欲しい．

定数 A, B は初期値から

$$\mathrm{A} = q(0) \ , \quad \mathrm{B} = \frac{1}{\omega}\dot{q}\Big|_{t=0} = \frac{1}{m\omega}p(0) \tag{3.31}$$

よって座標は，

$$q(t) = q(0)\cos(\omega t) + \frac{p(0)}{m\omega}\sin(\omega t) \tag{3.32}$$

で与えられる．また正準方程式から

$$p(t) = m\dot{q} = -m\omega q(0)\sin(\omega t) + p(0)\cos(\omega t) \tag{3.33}$$

が与えられた初期値を満たす運動量である．

いま，簡単のために初速が 0, つまり $p(0) = 0$ の場合を考えると

$$q(t) = q(0)\cos\omega t \ , \quad p(t) = -m\omega q(0)\sin\omega t \tag{3.34}$$

となる．これは，楕円のパラメータ表示と思えるので，相空間内の運動は図のように楕円を時計方向に周期 $2\pi/\omega$ で回転する周期運動である．運動の初期値をひとつ決めたときのハミルトニアンの値

3.1 ハミルトニアンと正準方程式

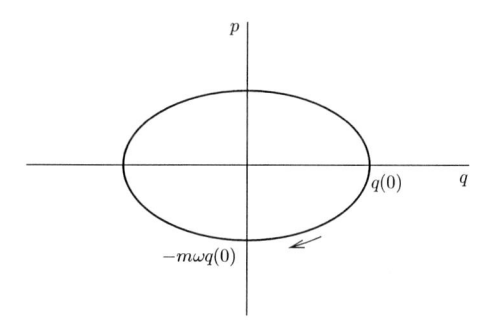

図 3.1 調和振動子の相空間内での運動

$$H = \frac{1}{2}q(0)^2 m\omega^2 = E \tag{3.35}$$

はエネルギー E を与え，一定である．それぞれ異なるエネルギーの軌道は相空間内では交わらない．

3.1.6 ハミルトニアンの例

a. 中心力問題

中心力問題ではすでに議論したように一般に極座標を配位空間の座標として取る．極座標におけるラグランジアンは式 (1.99) に求めたように

$$L = \frac{1}{2}m(\dot{r}^2 + r^2\dot{\theta}^2 + r^2\sin^2\theta\dot{\phi}^2) - U(r) \tag{3.36}$$

で，それぞれの座標の共役運動量は

$$p_r = m\dot{r}, \quad p_\theta = mr^2\dot{\theta}, \quad p_\phi = mr^2\sin^2\theta\dot{\phi} \tag{3.37}$$

である．よってハミルトニアンは

$$\begin{aligned}H &= p_r\dot{r} + p_\theta\dot{\theta} + p_\phi\dot{\phi} - L \\ &= \frac{p_r^2}{2m} + \frac{p_\theta^2}{2mr^2} + \frac{p_\phi^2}{2mr^2\sin^2\theta} + U(r)\end{aligned} \tag{3.38}$$

となる．

b. 電磁場中の荷電粒子

この場合もラグランジアンの例として式 (1.128) に与えたようにラグランジアンは

$$L = \sum_i \left(\frac{1}{2} m (\dot{x}^i)^2 + e \dot{x}^i A_i \right) - e\phi \tag{3.39}$$

である.この場合,共役運動量は

$$p_i = m \dot{x}^i + e A_i \tag{3.40}$$

で与えられるので,ハミルトニアンは

$$\begin{aligned}
H &= \sum_i p_i \dot{x}^i - L \\
&= \frac{1}{m} \sum_i p_i (p_i - e A_i) - \sum_i \left(\frac{1}{2m} (p_i - e A_i)^2 + \frac{e}{mc} (p_i - e A_i) A_i - e\phi \right) \\
&= \frac{1}{2m} \sum_i (p_i - e A_i)^2 + e\phi \tag{3.41}
\end{aligned}$$

となる.

c. 強制振動

時間によるラグランジアンの例としてあげた強制振動のハミルトニアンと正準方程式を求めてみよう.これは,1次元調和振動をする荷電粒子に時間による電磁ポテンシャル $A(t)$ による力が働くときに相当する.ラグランジアンは,

$$L = \frac{1}{2} m \dot{q}^2 + \dot{q} A(t) - \frac{1}{2} m \omega^2 q^2 \tag{3.42}$$

共役運動量は

$$p = \frac{\partial L}{\partial \dot{q}} = m \dot{q} + A(t) \tag{3.43}$$

ハミルトニアンは

$$\begin{aligned}
H = p\dot{q} - L &= \frac{1}{m} p(p - A) - \frac{1}{2m}(p - A)^2 - \frac{1}{m}(p - A)A + \frac{1}{2} m \omega^2 q^2 \\
&= \frac{1}{2m}(p - A)^2 + \frac{1}{2} m \omega^2 q^2 \tag{3.44}
\end{aligned}$$

となる.正準方程式は

$$\dot{q} = \frac{\partial H}{\partial p} = \frac{1}{m}(p - A), \quad \dot{p} = -\frac{\partial H}{\partial q} = -m \omega^2 q \tag{3.45}$$

で与えられる.

問題： 式 (3.45) 方程式を組み合わせて $\ddot{q}$ の満たす方程式を作ると式 (1.142) が得られることを確認せよ．

3.2 ポアッソン括弧

正準方程式は相空間における運動を定める二組の方程式として書かれている．それぞれ，配位空間の座標とそれに共役な運動量の方程式であるが，ポアッソン括弧を導入することで座標と運動量を統一的に取り扱うことができる．

3.2.1 ポアッソン括弧と正準方程式

相空間 (p_i, q^j) 上で定義された関数 $f(p,q)$ を**物理量** (observable)，または力学量やオブザーバブルと呼ぶ．例えば角運動量のそれぞれの成分は，座標と運動量の多項式で書かれており，相空間上の関数つまり物理量である．正準方程式は次のように，この物理量の時間発展を記述していると見ることができる．

つまり，ある物理量 $f(q,p)$ の時間微分は

$$\frac{df(q,p)}{dt} = \sum_i \left(\dot{q}^i \frac{\partial f}{\partial q^i} + \dot{p}_i \frac{\partial f}{\partial p_i} \right) \tag{3.46}$$

と与えられる．この式に，正準方程式を代入すると

$$\frac{d}{dt} f(q,p) = \sum_i \left(\frac{\partial f}{\partial q^i} \frac{\partial H}{\partial p_i} - \frac{\partial H}{\partial q^i} \frac{\partial f}{\partial p_i} \right) \tag{3.47}$$

と書ける．右辺は (q,p) の関数を係数とする f の偏微分なので，これは $f(q,p)$ の時間発展を与える微分方程式と考えられる．相空間の座標 q^i, p_i もそれぞれ物理量であり，その時間発展の方程式はもとの正準方程式にほかならない．

このような考え方をさらに発展させるために，次の**ポアッソン括弧** (Poisson bracket) という量を導入する．ポアッソン括弧は，物理量の時間発展の式 (3.47) の右辺に現れる微分の組み合わせを取り出したものである．これによって正準方程式を，一般化座標 q^i と共役運動量 p_i に関してさらに対称な形に書ける．

ポアッソン括弧

物理量 $f(p,q)$，$g(p,q)$ に関して

$$\{f,g\} = \sum_i \left(\frac{\partial f}{\partial q^i}\frac{\partial g}{\partial p_i} - \frac{\partial g}{\partial q^i}\frac{\partial f}{\partial p_i} \right) \tag{3.48}$$

で定義される括弧 $\{\cdot,\cdot\}$ をポアッソン括弧と呼ぶ.

ポアッソン括弧は定義から明らかに

$$\{q^i, p_j\} = \delta^i_j, \quad \{q^i, q^j\} = 0, \quad \{p_i, p_j\} = 0 \tag{3.49}$$

を満す.ここで δ^i_j はクロネッカーのデルタと呼ばれ,i と j が与えられたとき

$$\delta^i_j = \begin{cases} 1 & (i = j \text{ の場合}) \\ 0 & (i \neq j \text{ の場合}) \end{cases}$$

という値をとる.また,任意の関数 f に関して,

$$\{q^i, f\} = \frac{\partial f}{\partial p_i}, \quad \{p_i, f\} = -\frac{\partial f}{\partial q^i} \tag{3.50}$$

が成り立つ.

さらにポアッソン括弧は次の代数的な性質を持つことが証明できる.

① 反対称性

$$\{f,g\} = -\{g,f\} \tag{3.51}$$

② 双線形性

$$\{f, g+g'\} = \{f,g\} + \{f,g'\} \tag{3.52}$$

③ ライプニッツ則

$$\{f, gg'\} = \{f,g\}g' + g\{f,g'\} \tag{3.53}$$

④ ヤコビ恒等式 (Jacobi identity)

$$\{f,\{g,h\}\} + \{h,\{f,g\}\} + \{g,\{h,f\}\} = 0 \tag{3.54}$$

ポアッソン括弧を使うと正準方程式は

$$\dot{q}^i = \{q^i, H\} \tag{3.55}$$

$$\dot{p}_i = \{p_i, H\} \tag{3.56}$$

となり,正準座標の時間発展が座標,運動量の区別なくハミルトニアンとのポアッソン括弧で書ける.さらに,物理量 $f(q,p)$ の時間発展の方程式 (3.47) も

$$\frac{df}{dt} = \{f, H\} \tag{3.57}$$

と書くことができる．ここで，f を p_i または q^i にとれば，この方程式が正準方程式になることに注意してほしい．

このことは，ポアッソン括弧の性質から一般に時間へのあらわな依存を許した物理量にまで拡張することができる．つまり，任意の物理量 $f(p,q,t)$ の時間発展は

$$\frac{df}{dt} = \frac{\partial f}{\partial t} + \{f, H\} \tag{3.58}$$

で与えられる．正準方程式はこの方程式の特殊な場合と考えられる．

正準交換関係と量子論

量子力学では，座標 q と運動量 p はもはや単なる数ではなく，それぞれ演算子と呼ばれるものに置き換わる．演算子の特徴はその積が順序に依ることであり，その差は交換子 $[q,p] = qp - pq$ と呼ばれる．量子論では，この交換子は虚数単位 i と $\hbar$ はプランク定数と呼ばれる数を使って

$$[q, p] = i\hbar \tag{3.59}$$

で与えられる．この関係は，正準交換関係と呼ばれ量子力学の基本関係式である．この関係は，ちょうどポアッソン括弧の満たす関係式 (3.49) のポアッソン括弧 $\{\cdot,\cdot\}$ を $(1/i\hbar)[\cdot,\cdot]$ に置き換えたものと考えることができる．同様の置き換えで，ある物理量を表す演算子 f に関してハミルトニアンの演算子 H を使って

$$\frac{df}{dt} = \frac{1}{i\hbar}[f, H] \tag{3.60}$$

という式が正準方程式から得られる．これは量子力学においても正準方程式と呼ばれ，物理量の時間発展を表す式になっている．

3.2.2 ポアッソン括弧と保存量

運動方程式を解くことは運動の積分をできるだけ多く探し出すことにある．ここでは，ポアッソン括弧を使って運動の積分を定式化する．物理量の時間発展を表

す方程式 (3.58) より，ある物理量 f が保存する条件，つまり $(d/dt)f(q,p,t) = 0$ になる条件は

$$\{f, H\} = 0 \ , \quad \frac{\partial f}{\partial t} = 0 \tag{3.61}$$

である．つまり，f が時間にあらわによらないときは，ハミルトニアンとのポアッソン括弧 $\{f, H\}$ が 0 ならば保存量になる．

さらに，ポアッソン括弧はヤコビ恒等式を満たすので，いま $\{g, H\} = \{f, H\} = 0$ をみたす 2 個の運動の積分 f, g が見つかったとすると

$$\{\{f, g\}, H\} = \{f, \{g, H\}\} + \{g, \{H, f\}\} \tag{3.62}$$

より，$\{H, \{f, g\}\} = 0$ になる．つまり，$f' = \{f, g\}$ は保存量である．同様にして，$f'' = \{f', f\}$ や $f''' = \{f', g\}$ も保存量になる．このようにして保存量のポアッソン括弧がすでに知られている保存量で書けてしまわないかぎり，新たな保存量を見つけることができる．これを，ポアッソンの定理と呼ぶ．

ポアッソンの定理

保存量のポアッソン括弧は，保存量である．

3.2.3 保存量の例

中心力ポテンシャルの中の運動では，角運動量が保存する．角運動量ベクトル $\boldsymbol{L} = (L_1, L_2, L_3)$ は位置ベクトル $\boldsymbol{x}$，運動量ベクトル $\boldsymbol{p}$ を用いて $\boldsymbol{L} = \boldsymbol{x} \times \boldsymbol{p}$. 成分では

$$L_i = \sum_{jk} \epsilon_{ijk} x_j p_k \tag{3.63}$$

と表される．ここで，添え字 i, j, k は $1, 2, 3$ の値をとり，ϵ_{ijk} は 3 階完全反対称テンソルである．また，以下での計算ではすべての添え字を下つきで書くことにする[*2)]．

角運動量が保存量であることを見るには，ハミルトニアンとのポアッソン括弧をとればよい．ここでは，次のようにして考える．まず，正準座標との交換

[*2)] 添え字の上つき，下つきの区別に関しては相対論で詳しく議論される．解析力学では座標は上つきで運動量が下つきにとるのが自然であるが，ここでは上つき下つきに差がなく，計算式が複雑になるだけなので，すべて下つきに書く．

関係は
$$\{L_i, x_l\} = \sum_j \epsilon_{ijl} x_j, \quad \{L_i, p_l\} = \sum_k \epsilon_{ilk} p_k \quad (3.64)$$
となる．この結果，例えば $\boldsymbol{p}^2 = \sum_i p_i p_i$ とのポアッソン括弧を計算すると
$$\{L_i, \boldsymbol{p}^2\} = 2\sum_l p_l \{L_i, p_l\} = 2\sum_{lk} \epsilon_{ilk} p_l p_k = 0 \quad (3.65)$$
と 0 になる．同様に
$$\{L_i, \boldsymbol{x}^2\} = 0 \quad (3.66)$$
を満たす．ところが中心力ポテンシャル中の粒子のハミルトニアンは $\boldsymbol{p}^2$ と原点からの距離 $\sqrt{\boldsymbol{x}^2}$ の関数なので，結果として
$$\{L_i, H\} = 0 \quad (3.67)$$
が成り立ち，角運動量が保存することが確かめられた．

さて，L_i が保存量であることは分かったので，ポアッソンの定理から互いのポアッソン括弧もまた保存量である．実際，角運動量同士のポアッソン括弧は次のようになる．

$$\{L_1, L_2\} = L_3, \quad \{L_2, L_3\} = L_1, \quad \{L_3, L_1\} = L_2 \quad (3.68)$$

[証明] ポアッソン括弧の定義を使うと*3)
$$\begin{aligned}\{L_i, L_j\} &= \frac{\partial L_i}{\partial x_k}\frac{\partial L_j}{\partial p_k} - \frac{\partial L_i}{\partial p_k}\frac{\partial L_j}{\partial x_k} = (\delta_{im}\delta_{jn} - \delta_{in}\delta_{jm})\frac{\partial L_m}{\partial x_k}\frac{\partial L_n}{\partial p_k} \\ &= \epsilon_{ijr}\epsilon_{rmn}\frac{\partial L_m}{\partial x_k}\frac{\partial L_n}{\partial p_k}\end{aligned} \quad (3.69)$$

となる．ここで
$$\begin{aligned}\frac{\partial L_m}{\partial x_k} &= \frac{\partial}{\partial x_k}(\epsilon_{mst} x_s p_t) = \epsilon_{mst}\delta_{sk} p_t = \epsilon_{mkt} p_t \\ \frac{\partial L_n}{\partial p_k} &= \frac{\partial}{\partial p_k}(\epsilon_{nst} x_s p_t) = \epsilon_{nst}\delta_{tk} x_s = \epsilon_{nsk} x_s\end{aligned} \quad (3.70)$$

を式 (3.69) に代入すると

---

*3) この証明では，繰り返している添え字は常に 1 から 3 について和をとると約束する．

$$\{L_i, L_j\} = \epsilon_{ijr}\epsilon_{rmn}\epsilon_{mkt}p_t\epsilon_{nsk}x_s = \epsilon_{ijr}\epsilon_{rmn}(\delta_{tn}\delta_{ms} - \delta_{ts}\delta_{mn})x_s p_t$$
$$= \epsilon_{ijr}\epsilon_{rmn}\delta_{tn}\delta_{ms}x_s p_t = \epsilon_{ijr}\epsilon_{rmn}x_m p_n = \epsilon_{ijr}L_r$$

を得る．これを，成分で書けば証明すべき式が直ちに導ける．　（証明終り）

このように，ポアッソンの定理は確かに成り立っている．ただし，角運動量の互いのポアッソン括弧が再び角運動量で書けてしまっており，これ以上新しい保存量を得ることはできない．

3.2.4　ポアッソン括弧を使った例

ポアッソン括弧を使って運動方程式を導いてみよう．例として，図 3.2 のようなさかさまの円錐の内側に沿って運動する質点の運動を考えてみる．

まず，系の形状から極座標が適している．円錐の頂点を原点とする極座標を取ると，運動エネルギーは

$$T = \frac{1}{2}m(\dot{r}^2 + r^2\dot{\theta}^2 + r^2\sin^2\theta\dot{\phi}^2) \tag{3.71}$$

位置エネルギーは

$$U = mgr\cos\theta \tag{3.72}$$

である．よって，ラグランジアンは

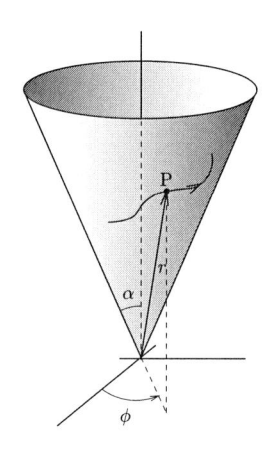

図 3.2　円錐に束縛された運動
粒子 P は極座標をとると r と ϕ だけで記述される．

$$L = T - U = \frac{1}{2}m(\dot{r}^2 + r^2\dot{\theta}^2 + r^2\sin^2\theta\dot{\phi}^2) - mgr\cos\theta \quad (3.73)$$

となる．円錐上を動くという拘束条件は $\theta = \alpha$ である．ラグランジュの未定係数法を使うまでもなく，拘束条件を代入するとラグランジアンは

$$L = \frac{1}{2}m(\dot{r}^2 + r^2\sin^2\alpha\dot{\phi}^2) - mgr\cos\alpha \quad (3.74)$$

である．ここで，ハミルトニアンを求めるために，それぞれの共役運動量を計算する．

$$\begin{aligned} p_r &= \frac{\partial L}{\partial \dot{r}} = m\dot{r} \\ p_\phi &= \frac{\partial L}{\partial \dot{\phi}} = mr^2\sin^2\alpha\dot{\phi} \end{aligned} \quad (3.75)$$

ルジャンドル変換から，ハミルトニアンは

$$H = \dot{r}p_r + \dot{\phi}p_\phi - L = \frac{1}{2m}p_r^2 + \frac{1}{2mr^2\sin^2\alpha}p_\phi^2 + mgr\cos\alpha \quad (3.76)$$

と求められる．よって，座標の時間発展の方程式は

$$\dot{p}_r = \{p_r, H\} = \frac{p_\phi^2}{mr^3\sin^2\alpha} - mg\cos\alpha \quad (3.77)$$

$$\dot{r} = \{r, H\} = \frac{1}{m}p_r \quad (3.78)$$

$$\dot{p}_\phi = \{p_\phi, H\} = 0 \quad (3.79)$$

$$\dot{\phi} = \{\phi, H\} = \frac{p_\phi}{mr^2\sin^2\alpha} \quad (3.80)$$

となり，正準方程式が得られた．

3.3 正準方程式の解法

　正準方程式によって，運動方程式が相空間上の連立の一階微分方程式に書けることがわかった．このような表示は，運動の一般的解析に非常に役に立つのだが，実際に個別の問題を解くときに連立方程式を変形して変数の数を減らすようにすると，結局高階の微分方程式を解くことになってしまう．この節では，正準方程式の一般的解法の説明をする．

3.3.1 連立一階微分方程式

まず,次のような未知関数 $y(t)$ に関する微分方程式の解法を思い出してみよう.

$$\dot{y} = ay \tag{3.81}$$

ここで,a は時間によらない定数とする.この方程式は

$$\int \frac{dy}{y} = \int a dt \tag{3.82}$$

と変形できるので,初期値条件を $t=0$ で $y(0)$ として積分すると

$$y(t) = e^{at} y(0) \tag{3.83}$$

を得る.

次に未知関数が n 個の場合はどうだろうか.未知関数のベクトルを $\boldsymbol{y} = (y_1, \ldots, y_n)$ とし,行列 $(\mathbf{A})_{ij} = A_{ij}$ を用いて式 (3.81) を一般化した

$$\dot{\boldsymbol{y}}(t) = \mathbf{A}\boldsymbol{y}(t) \qquad \left(\dot{y}_k(t) = \sum_l A_{kl} y_l(t) \right) \tag{3.84}$$

という連立一階微分方程式を考える.ただし,括弧内は成分で表示した式である.$\mathbf{A}$ が定数行列の場合は,先ほどと同様に

$$\boldsymbol{y}(t) = e^{t\mathbf{A}} \boldsymbol{y}(0) \tag{3.85}$$

が,初期値が $\boldsymbol{y}(0)$ のときの解を与える.この解は次のようにして得ることができる.まず,$\boldsymbol{y}(t)$ を形式的にテーラー展開する,

$$\boldsymbol{y}(t) = \sum_{n=0}^{\infty} \frac{t^n}{n!} \frac{d^n}{dt'^n} \boldsymbol{y}(t') \Big|_{t'=0} = \boldsymbol{y}(0) + t\dot{\boldsymbol{y}}(0) + \frac{t^2}{2!} \ddot{\boldsymbol{y}}(0) + \cdots \tag{3.86}$$

一方,方程式より $\dot{\boldsymbol{y}}(t) = \mathbf{A}\boldsymbol{y}(t)$, $\ddot{\boldsymbol{y}}(t) = (d/dt)(\mathbf{A}\boldsymbol{y}(t)) = \mathbf{A}^2 \boldsymbol{y}(t)$ などから一般に

$$\frac{d^n}{dt^n} \boldsymbol{y}(t) = \mathbf{A}^n \boldsymbol{y}(t) \tag{3.87}$$

なので,テーラー展開に代入すると

$$\boldsymbol{y}(t) = \sum_{n=0}^{\infty} \frac{t^n}{n!} \mathbf{A}^n \boldsymbol{y}(0) \tag{3.88}$$

よって，行列の指数関数の定義を使うと上記の解を得ることができる．

3.3.2 正準方程式の解

このような，一階の微分方程式の解法を拡張することにより，正準方程式の形式解が求まる．正準方程式は，物理量 $f(q,p)$ の時間発展が次の方程式で表されることを意味する．

$$\frac{d}{dt}f(t) = \{f, H\} = \frac{\partial f}{\partial q^a}\frac{\partial H}{\partial p_a} - \frac{\partial f}{\partial p_a}\frac{\partial H}{\partial q^a} \tag{3.89}$$

ただし，f は時間にあらわによらないとする．ここで，微分演算子を分離して

$$X_H = \frac{\partial H}{\partial p_a}\frac{\partial}{\partial q^a} - \frac{\partial H}{\partial q^a}\frac{\partial}{\partial p_a} = \{\cdot, H\} \tag{3.90}$$

を定義する[*4)]．この X_H をハミルトニアンベクトル場と呼ぶ．X_H を使うと発展方程式は

$$\frac{d}{dt}f(t) = X_H f(t) \tag{3.91}$$

と書くことができる．ここで先程と同じように，形式的にテーラー展開を使って $f(t)$ を求めると

$$f(t) = \sum_{n=0}^{\infty} \frac{t^n}{n!}(X_H)^n f(0) \tag{3.92}$$

と書ける．ただし，右辺の X_H に現れる p, q には $t=0$ の値が入っている．右辺はやはり指数の展開になっているので式 (3.85) と同様に

$$f(s) = e^{sX_H} f(t)\Big|_{t=0} \tag{3.93}$$

と書くことができる．これにより

$$\rho_s = e^{sX_H}\Big|_{t=0} \tag{3.94}$$

は，時間 t を s だけ進める時間発展の演算子と思える．

これは，形式的な解であるが，よく知られている場合では，この指数関数は収束し，一般解 (3.93) に物理量 f として，$f = p_i(t)$ または $f = q^i(t)$ をとれ

[*4)] 最後の $\{\cdot, H\}$ の意味は $X_H f = \{f, H\}$ のように「$\cdot$」を f で置き換えることを意味する．

ば，実際に運動方程式の解として相空間中の軌道を与える．以下にいくつかの例でこのことを確かめてみよう．

3.3.3 等加速度運動

重力加速度 g が働く場合のハミルトニアンは物体の高さを q とすると

$$H = \frac{1}{2m}p^2 + mgq \tag{3.95}$$

と書ける．すると，ハミルトニアンベクトル場は式 (3.90) から

$$X_H = \frac{p}{m}\frac{\partial}{\partial q} - mg\frac{\partial}{\partial p} \tag{3.96}$$

で与えられる．

解を求めるには，正準座標 (q, p) を展開式 (3.92) に従って X_H 中の微分を繰り返し行えばよい．q に関しては

$$X_H q = \frac{p}{m}, \quad X_H^2 q = X_H(X_H q) = -g \tag{3.97}$$

となり，X_H^3 以上は 0 になる．一方 p に関しては

$$X_H p = -mg \tag{3.98}$$

のみが値を持つ．よって，展開式 (3.92) に代入すると

$$\begin{aligned} q(t) &= q(0) + \left(\frac{p(0)}{m}\right)t - g\frac{t^2}{2} \\ p(t) &= p(0) - mgt \end{aligned} \tag{3.99}$$

となるが，これは確かに落下運動の解になっている．

3.3.4 調和振動子

落下運動においては展開式が有限の項に収まったが，展開が無限級数になる場合の例として調和振動子を考えよう．1 次元の調和振動子のハミルトニアンは

$$H = \frac{p^2}{2m} + \frac{1}{2}m\omega^2 q^2 \tag{3.100}$$

で与えられる．このとき，ハミルトニアンベクトル場は

3.3 正準方程式の解法

$$X_H = \frac{p}{m}\frac{\partial}{\partial q} - m\omega^2 q \frac{\partial}{\partial p} \tag{3.101}$$

である．p と q に X_H を作用させていくと，今の場合

$$\begin{aligned} X_H^{2n} q \Big|_{t=0} &= (-\omega^2)^n q(0) \\ X_H^{2n+1} q \Big|_{t=0} &= (-\omega^2)^n \frac{p(0)}{m} \end{aligned} \tag{3.102}$$

となる．これを展開式 (3.92) に代入すると無限級数が三角関数を与えるので

$$\begin{aligned} q(t) &= q(0)\left(1 - \frac{t^2}{2!}\omega^2 + \frac{t^4}{4!}\omega^4 - \cdots\right) + \frac{p(0)}{m\omega}\left(t\omega - \frac{(t\omega)^3}{3!} + \cdots\right) \\ &= q(0)\cos\omega t + \frac{p(0)}{m\omega}\sin\omega t \end{aligned} \tag{3.103}$$

と書ける．これは，確かに前節で求めた調和振動子の解と一致している．

4 正準変換

　ラグランジュ方程式は，配位空間の座標系の選び方によらず，考えている問題の対称性などに応じて座標変換を行った後，問題に適した一般化座標で書くことができた．一方，速度変数を運動量変数に置き換えるルジャンドル変換によって，運動方程式を相空間上の正準方程式として書き直せることが分かった．

　N 粒子系の場合，この正準方程式は $3N$ 次元の配位空間を離れ，運動を $6N$ 次元の相空間中の点の軌道として表す．運動を考える空間の次元が増えたので，座標変換の自由度も大きく広がるわけだが，一般に座標と運動量を混ぜるような変数変換を行うと，運動方程式の変数変換を行うだけであまり意味のあるものにはならない．そのような大きな自由度を持つ相空間の変数変換の中で，正準変換と呼ばれる特殊な変換があり，非常に特別な役割を果たす．

4.1　正準方程式と座標変換

　この節では，相空間の座標変換を行った場合，正準方程式がどのように変換されるかを議論し，正準変換を正準方程式の形を不変にする座標変換として導入する．

4.1.1　ラグランジュ方程式と点変換

　まず，次のような配位空間の座標 q^i を新しい座標 Q^i で表す座標変換を考える．

$$q^i = q^i(Q, t) \tag{4.1}$$

このような変換を**点変換** (point transformation) と呼ぶ．この節では，点変換のもとでの正準方程式の不変性を議論する前に，まずラグランジュ方程式の不変性を議論しておこう．

4.1 正準方程式と座標変換

ラグランジュの方法を導入したときに, 1.2.4 項ではデカルト座標での運動方程式とラグランジアンの適当な形を仮定すれば, いずれの座標系でもラグランジュの方程式が運動方程式を与えることを示した. また変分原理として定式化することで一般の点変換に関してラグランジュ方程式が不変であることが分かるが, 以下ではより直接的に, ラグランジュ方程式が点変換で不変であることを示す.

点変換により, ラグランジアンは

$$L = L(q(Q,t), \dot{q}(Q,t), t) \tag{4.2}$$

と変換される. ただし

$$\dot{q}^i = \frac{\partial q^i}{\partial Q^j}\dot{Q}^j + \frac{\partial q^i}{\partial t} \tag{4.3}$$

である. ここで, この章では式中に繰り返して現れる添え字に関しては和を取ると約束する. 上の式では添え字 j に関する Σ 記号が省略されている.

座標変換は $\dot{Q}^i$ を含まないので, 式 (4.3) の両辺を $\dot{Q}^i$ で微分することによって,

$$\frac{\partial \dot{q}^j}{\partial \dot{Q}^i} = \frac{\partial}{\partial \dot{Q}^i}\left(\frac{\partial q^j}{\partial Q^k}\dot{Q}^k\right) = \frac{\partial q^j}{\partial Q^i} \tag{4.4}$$

という関係式を得る. 同様に, $\dot{Q}^i$ が $\dot{q}^i$ を通じてのみ現れるので共役運動量は

$$P_i = \frac{\partial L}{\partial \dot{Q}^i} = \frac{\partial L}{\partial \dot{q}^j}\frac{\partial \dot{q}^j}{\partial \dot{Q}^i} = \frac{\partial q^j}{\partial Q^i}p_j \tag{4.5}$$

という変換を受ける.

これらの関係式から

$$\frac{d}{dt}\frac{\partial L}{\partial \dot{Q}^i} = \frac{d}{dt}\left(\frac{\partial q^j}{\partial Q^i}\frac{\partial L}{\partial \dot{q}^j}\right) = \frac{\partial q^j}{\partial Q^i}\left(\frac{d}{dt}\frac{\partial L}{\partial \dot{q}^j}\right) + \frac{\partial \dot{q}^j}{\partial Q^i}\frac{\partial L}{\partial \dot{q}^j} \tag{4.6}$$

が得られる[*1]. 一方

[*1] ここで, 式 (4.3) より

$$\frac{d}{dt}\frac{\partial q^i}{\partial Q^j} = \dot{Q}^k\frac{\partial^2 q^i}{\partial Q^k \partial Q^j} + \frac{\partial}{\partial t}\frac{\partial q^i}{\partial Q^j} = \frac{\partial \dot{q}^i}{\partial Q^j} \tag{4.7}$$

を使った.

$$\frac{\partial L}{\partial Q^i} = \frac{\partial q^j}{\partial Q^i}\frac{\partial L}{\partial q^j} + \frac{\partial \dot{q}^j}{\partial Q^i}\frac{\partial L}{\partial \dot{q}^j} \tag{4.8}$$

となり，2つの式の差をとることで

$$\begin{aligned}
&\frac{d}{dt}\frac{\partial L(q(Q),\dot{q}(Q),t)}{\partial \dot{Q}^i} - \frac{\partial}{\partial Q^i}L(q(Q),\dot{q}(Q),t) \\
&= \frac{\partial q^j}{\partial Q^i}\left(\frac{d}{dt}\frac{\partial L(q,\dot{q},t)}{\partial \dot{q}^j} - \frac{\partial L(q,\dot{q},t)}{\partial q^j}\right)
\end{aligned} \tag{4.9}$$

という関係式が得られる．この式の左辺は Q 座標系によるラグランジュ方程式，一方右辺は q 座標系におけるラグランジュ方程式なので，2つの座標系のラグランジュ方程式が等価であることが直接確かめられた[*2]．

4.1.2 正準変換

このように，ラグランジュ方程式は点変換を行っても，変換後の座標でのラグランジュ方程式が変換前の座標での方程式と等価であることが分かった．正準方程式は，$2N$ 個の独立変数を持つので点変換よりさらに広いクラスの変換 $(p,q) \to (P,Q)$ として

$$q^i = q^i(Q,P,t), \quad p_i = p_i(Q,P,t) \tag{4.10}$$

を考えることができる．一般に，このような座標と運動量を混ぜるような変換で正準方程式の形を保つことはできない．しかし，相空間 (q,p) のハミルトニアンを $H(q,p,t)$ としたとき，新しい座標系 (Q,P) においてもハミルトニアン $H'(Q,P,t)$ が存在し，(q,p,H) の正準方程式が新しい座標における (Q,P,H') の正準方程式と等価になるような変換がある．このような，正準方程式の形を不変に保つ変換を **正準変換** (canonical transformation) と呼ぶ．

変分原理から，それぞれの正準方程式は，それぞれの作用

$$\begin{aligned}
S &= \int dt \left(\sum_i p_i \dot{q}^i - H(q,p,t)\right) \\
S' &= \int dt \left(\sum_i P_i \dot{Q}^i - H'(Q,P,t)\right)
\end{aligned} \tag{4.11}$$

[*2] 厳密には変換 (4.1) が正則である必要がある．

の変分によって得られる．物理的に等価な方程式を与えるためには，同じ作用の変分原理からその方程式が導かれればよいはずである．

そこで，作用 S と S' が定数の差を除いて[*3]同じであることを要請する．ところが，作用が等しいという要請を満たすだけであれば，作用を与える積分の被積分関数は全微分だけ異なっていてもよい．つまり，2つの組の正準座標で表現された作用の被積分関数が変換 (4.10) のもとで，

$$\sum_i p_i \dot{q}^i - H(q,p,t) = \sum_i P_i \dot{Q}^i - H'(Q,P,t) + \frac{d}{dt}W \quad (4.12)$$

を満たすことを要請する．ここで，W は全微分項を表す適当な関数である．実際両辺を時間で積分すると

$$S = S' + \int dt \frac{dW}{dt} \quad (4.13)$$

と書けるが，全微分の積分は定数を与えるにすぎない．よって，変分原理は2つの座標系で等価な正準方程式を与えることになる．以下の議論のために微分量を使って書くと，それぞれの変数の微分の間に

$$\sum_i p_i dq^i - H(q,p,t)dt = \sum_i P_i dQ^i - H'(Q,P,t)dt + dW \quad (4.14)$$

の関係があればよい．

以上の議論で，正準変換が満たすべき条件が分かった．しかし，実際に勝手な変換を定義してその変換が，上の条件を満たすかを調べることは，場合によっては非常に複雑になる．

ところが，逆に式 (4.14) に現れる関数 W を与えてそれに対応した正準変換を定義するのは簡単であり，これによって可能な正準変換はすべて生成することができるはずである．このため，この W を正準変換の**母関数** (generating function) と呼ぶ．

4.1.3 母関数

正準変換は，母関数 W のとり方によって様々な形の変換が定義できるが，どの正準座標を独立変数と考えるかによって4とおりの場合に大きく分けること

[*3] 定数の変分は 0 なので運動方程式に関係ない．

ができる．独立変数のとり方は (q,Q), (p,Q), (q,P), (p,P) が考えられるが以下にそれぞれの場合の正準変換を導いておく．

1) **独立変数が (q,Q) の場合：** この場合が最も基本になる．母関数が変数 (q,Q) で与えられている場合を $W_1 = W(q,Q,t)$ とする．つまり q と Q の微分を独立になるようにとる．独立変数について母関数を微分すると

$$dq^i p_i - H(q,p,t)dt$$
$$= dQ^i P_i - H'(Q,P,t)dt + \left(\frac{\partial W_1}{\partial q^i}dq^i + \frac{\partial W_1}{\partial Q^i}dQ^i + \frac{\partial W_1}{\partial t}dt\right) \tag{4.15}$$

を得る．この関係が成り立つためにはそれぞれの係数を比べてやると，それぞれの共役運動量が

$$p_i = \frac{\partial W_1}{\partial q^i}, \quad P_i = -\frac{\partial W_1}{\partial Q^i} \tag{4.16}$$

のように書け，ハミルトニアンは

$$H'(Q,P,t) = H(q(Q,P), p(Q,P)) + \frac{\partial W_1}{\partial t}(q(Q,P), Q, t) \tag{4.17}$$

と定義すれば作用積分は同じ値をとる．ただし，右辺の q^i, p_i は，式 (4.16) の運動量 p_i, P_i を定義する方程式を解いて Q^i, P_i の関数として代入した．

これから一般に

$$\frac{\partial p_i}{\partial Q^j} = \frac{\partial^2 W_1}{\partial Q^j \partial q^i}(q,Q,t) = -\frac{\partial P_j}{\partial q^i} \tag{4.18}$$

という関係を得る．

2) **独立変数を (p,Q) にとる場合：** W が与えられたとき，独立変数の微分として書き換えるために

$$d(p_i q^i) - q^i dp_i - H(q,p)dt = dQ^i P_i - H'(Q,P)dt + dW \tag{4.19}$$

と書き換えてから，$W_2(p,Q) = W - p_i q^i$ とする．一見 W と W_2 の関係は複雑に見えるが，独立変数はあくまで (p,Q) であり，W は任意にとれるから，最初から母関数 W_2 が (p,Q,t) の関数として与えられたと思ってよい．新しい母関数で見ると微分の関係は

$$-q^i dp_i - H(q,p)dt = P_i dQ^i - H'(Q,P)dt + dW_2(p,Q) \tag{4.20}$$

となる．すると，変数変換は

$$q^i = -\frac{\partial W_2}{\partial p_i} , \quad P_i = -\frac{\partial W_2}{\partial Q^i} \tag{4.21}$$

で与えられハミルトニアンの変換は

$$H'(Q,P) = H(q,p) + \frac{\partial W_2}{\partial t}(p,Q,t) \tag{4.22}$$

となる．このような (p,Q) を独立変数とする正準変換は，次の節で見るように点変換を議論するときに適している．

3) 独立変数を (q,P) にとる場合： W が与えられたとき，$W_3(q,P,t) = W + Q^i P_i$ とする．このとき，変数の関係は

$$p_i = \frac{\partial W_3}{\partial q^i} , \quad Q^i = \frac{\partial W_3}{\partial P_i} \tag{4.23}$$

で与えられ，ハミルトニアンは，

$$H'(Q,P) = H(q,p) + \frac{\partial W_3}{\partial t}(q,P,t) \tag{4.24}$$

である．

4) 独立変数を (p,P) にとる場合： このとき $W_4(p,P) = W - p_i q^i + P_i Q^i$ として微分を比較すると，変数変換とハミルトニアンの関係が

$$q = -\frac{\partial W_4}{\partial p} , \quad Q = \frac{\partial W_4}{\partial P} \tag{4.25}$$

$$H'(Q,P) = H(q,p) + \frac{\partial W_4}{\partial t}(p,P,t) \tag{4.26}$$

のようになる．

4.2 正準変換の例

正準変換は母関数を与えることで定義されることが分かった．ここでは，どのような母関数がどのような正準変換を与えるかを見てみよう．

4.2.1 恒 等 変 換

最も基本的な変換，$q^i = Q^i$ ，$p_i = P_i$ を恒等変換と呼ぶ．恒等変換は，次の母関数で与えられる．

$$W_2 = -p_i Q^i \tag{4.27}$$

実際，変換の式 (4.21) を求めると

$$q^i = -\frac{\partial W_2}{\partial p_i} = Q^i, \quad P_i = -\frac{\partial W_2}{\partial Q^i} = p_i \tag{4.28}$$

となっている．また，ハミルトニアンも $H' = H$ で不変である．

恒等変換は次のように独立変数が (q, P) の母関数

$$W_3 = q^i P_i \tag{4.29}$$

からも得られる．

4.2.2 点 変 換

(p, Q) を独立変数とする正準変換は，点変換を議論するときに適している．実際，$W_2 = -p_i f^i(Q, t)$ とすると，式 (4.21) の q^i についての式は

$$q^i = -\frac{\partial W_2}{\partial p_i} = f^i(Q, t) \tag{4.30}$$

となる．これは，f^i が与えられれば (Q^i, t) の関数として q^i を与えるので点変換 (4.1) になっている．さらに，式 (4.21) の P_i の式は

$$P_i = p_j \frac{\partial f^j}{\partial Q^i} \tag{4.31}$$

となり，$q^j(Q, t) = f^j(Q, t)$ とすると，共役運動量も正しく式 (4.5) のように変換されていることが分かる．ハミルトニアンは

$$H'(Q, P) = H(q, p) - p_i \frac{\partial f^i(Q, t)}{\partial t} \tag{4.32}$$

で与えられる．このように，新しいハミルトニアン H' は，座標変換が時間に顕によらない限りハミルトニアンに変数変換を代入するだけでよいことが分かる．

a. 極座標への変換

直交座標 (x, y, z) から極座標 (r, θ, ϕ) の変換は点変換であり，共役運動量を (p_x, p_y, p_z) とすると

$$W_2 = -(p_x r \sin\theta \cos\phi + p_y r \sin\theta \sin\phi + p_z r \cos\theta) \tag{4.33}$$

が正準変換の母関数である．

b. ガリレイ変換

独立変数が (q, P) で与えられる母関数の例として

$$W_3 = P_i(a^i{}_j q^j + b^i) \tag{4.34}$$

を考える．ただし添え字 i, j は 1, 2, 3 で q^i は空間座標である．この母関数は，$a^i{}_j$ が時間によらない回転行列，b^i が平行移動を表すベクトルのガリレイ変換を与える．これも点変換の一種であるが，先ほどと違って変数変換の式 (4.23) は，新しい座標 Q^i を古い座標 q^i で与える形の変換式になっている．

問題: 極座標への変換とガリレイ変換をそれぞれの母関数を使って導いてみよ．

4.2.3 回転座標系

1.4.1 項で時間による座標変換の例としてあげた回転座標系への正準変換を得るには，母関数を

$$W_2 = -p_i \Lambda^i{}_j(t) Q^j \qquad (W_2 = -\boldsymbol{p}^t \Lambda \boldsymbol{Q}) \tag{4.35}$$

とおくとよいことが分かる．カッコ内は 1.4.1 項と比較のためベクトル表示の式を与えた[*4]．実際，変換 (4.21) の第 1 式は

$$q^i = -\frac{\partial W_2}{\partial p_i} = \Lambda^i{}_j Q^j \qquad (\boldsymbol{q} = \Lambda \boldsymbol{Q}) \tag{4.36}$$

となり，行列 $\Lambda^i{}_j$ が時間に寄った回転行列とすれば，回転座標系 Q^i で元の座標 q^i を与える座標変換の式を与える．さらに，変換 (4.21) の第 2 式は

$$P_i = -\frac{\partial W_2}{\partial Q^i} = p_j \Lambda^j{}_i \qquad (\boldsymbol{P} = \Lambda^t \boldsymbol{p}) \tag{4.37}$$

となる[*5]．ハミルトニアンは，

[*4] 1.4.1 項と比べるにはさらに $\boldsymbol{q} = \boldsymbol{r}$, $\boldsymbol{Q} = \boldsymbol{R}$ と読み換える必要がある．
[*5] 回転座標への変換では変換行列は直交行列になり $\Lambda^t = \Lambda^{-1}$ が成り立つ．

$$H'(Q,P) = H(q,p) + \frac{\partial W_2}{\partial t} = H(q,p) - p_i \dot{\Lambda}^i{}_j Q^j \qquad (4.38)$$

で与えられる.

具体的に,外力が働かない質量 m の粒子の場合を考える.このとき,$H(q,p) = (1/2m)\boldsymbol{p}^2(P) = (1/2m)\boldsymbol{P}^2$ なので,

$$H'(Q,P) = \frac{1}{2m}\boldsymbol{P}^2 - \boldsymbol{P}^t(\Lambda^{-1}\dot{\Lambda})\boldsymbol{Q} \qquad (4.39)$$

が新しいハミルトニアンになる.ここで,回転座標系が角速度ベクトル $\boldsymbol{\omega} = (\omega_x, \omega_y, \omega_z)$ で与えられる等角速度回転を行っているとすると,

$$\Lambda^{-1}\dot{\Lambda} = \begin{pmatrix} 0 & -\omega_z & \omega_y \\ \omega_z & 0 & -\omega_x \\ -\omega_y & \omega_x & 0 \end{pmatrix} \qquad (4.40)$$

である.この式を式 (4.39) に代入すると,新しいハミルトニアンは

$$H'(Q,P) = \frac{1}{2m}\boldsymbol{P}^2 + \boldsymbol{Q} \cdot (\boldsymbol{\omega} \times \boldsymbol{P}) \qquad (4.41)$$

となる.よって,回転座標系での正準方程式は

$$\dot{\boldsymbol{P}} = \{\boldsymbol{P}, H'(Q,P)\} = -\boldsymbol{\omega} \times \boldsymbol{P} \qquad (4.42)$$

$$\dot{\boldsymbol{Q}} = \{\boldsymbol{Q}, H'(Q,P)\} = \frac{1}{m}\boldsymbol{P} - \boldsymbol{\omega} \times \boldsymbol{Q} \qquad (4.43)$$

で与えられる.ただし,ベクトルのポアッソン括弧は各成分のポアッソン括弧を意味する.さらに,$\boldsymbol{Q}$ に関するニュートン方程式は,式 (4.42) に式 (4.43) を代入した式

$$\dot{\boldsymbol{P}} = -m\boldsymbol{\omega} \times (\dot{\boldsymbol{Q}} + \boldsymbol{\omega} \times \boldsymbol{Q}) \qquad (4.44)$$

を,式 (4.43) の時間微分に代入すると

$$m\ddot{\boldsymbol{Q}} = -2\boldsymbol{\omega} \times \dot{\boldsymbol{Q}} - \boldsymbol{\omega} \times (\boldsymbol{\omega} \times \boldsymbol{Q}) \qquad (4.45)$$

となる.式 (1.125) と比べることにより,それぞれコリオリ力と遠心力を正しく与えていることが分かる.

4.2.4 ゲージ変換

荷電粒子のハミルトニアン (3.41) に関して，次の母関数で与えられる正準変換を考える．

$$W_2 = x^i P_i + e\lambda(x, t) \tag{4.46}$$

ここで，正準座標として (x^i, p_i) をとり，新しい正準座標 (X^i, P_i) への変換を考えた．また，e は電荷，$\lambda(x,t)$ は時空間 (x^i, t) の関数である．

変数変換は，式 (4.21) より，

$$p_i = \frac{\partial W_2}{\partial x^i} = P_i + e\frac{\partial \lambda(q)}{\partial x^i}, \quad X^i = \frac{\partial W_2}{\partial P_i} = x^i \tag{4.47}$$

となるので

$$\begin{aligned} X^i &= x^i \\ P_i &= p_i - e\frac{\partial \lambda(q)}{\partial x^i} \\ H'(X, P) &= H + e\frac{\partial \lambda}{\partial t} \end{aligned} \tag{4.48}$$

を得る．

これらの変換を荷電粒子のハミルトニアン (3.41) に代入すると

$$H' = \frac{1}{2m}\sum \left(P_i + e\frac{\partial \lambda(q)}{\partial x^i} - eA_i\right)^2 + e\phi + e\frac{\partial \lambda}{\partial t} \tag{4.49}$$

となる．このハミルトニアンは，ハミルトニアン (3.41) においてベクトルポテンシャル A_i とクーロンポテンシャル ϕ を

$$\begin{aligned} A_i &\to A'_i = A_i - \frac{\partial \lambda(q)}{\partial x^i} \\ \phi &\to \phi' = \phi + \frac{\partial \lambda}{\partial t} \end{aligned} \tag{4.50}$$

と変換したことに相当する．これは，電磁場のゲージ変換 (gauge transformation) に他ならない．

4.3 調和振動子と正準変換

正準変換の理解を深めるために，ここでは調和振動子を例に 3 種類の正準変換を実行してみる．式 (3.28) のように，ハミルトニアンは m, ω を定数として

$$H = \frac{1}{2m}p^2 + \frac{1}{2}m\omega^2 q^2 \tag{4.51}$$

で与えられる．

4.3.1 座標と運動量の入れ換え

調和振動子では，運動量と座標が 2 乗の和で対称に入っている．正準変換を使うと実際に運動量と座標の役割を入れ換える変換が可能になる．

この変換の母関数は

$$W = m\omega q Q \tag{4.52}$$

で与えられる．この母関数による変数変換 $(q,p) \to (Q,P)$ は

$$p = \frac{\partial W}{\partial q} = m\omega Q, \quad P = -\frac{\partial W}{\partial Q} = -m\omega q \tag{4.53}$$

である．変換は時間によらないので，ハミルトニアンは単に新しい変数で表せばよく，式 (4.51) より

$$H' = H(q(Q,P), p(Q,P)) = \frac{1}{2m}P^2 + \frac{1}{2}m\omega^2 Q^2 \tag{4.54}$$

となる．変数変換の式から，この母関数によって引き起こされる正準変換は運動量と座標の役割を入れ換えることが分かる．

4.3.2 循環座標への変換

次に考える正準変換は，循環座標への変換である．母関数は，

$$W = \frac{m\omega q^2}{2\tan Q} \tag{4.55}$$

で与えられる．このとき，変数変換 $(q,p) \to (Q,P)$ は

$$p = \frac{\partial W}{\partial q} = \frac{m\omega q}{\tan Q}, \quad P = -\frac{\partial W}{\partial Q} = \frac{m\omega q^2}{2\sin^2 Q} \tag{4.56}$$

で与えられる．これより，

$$P = \frac{m\omega q^2}{2}\left(1 + \frac{1}{\tan^2 Q}\right)$$
$$= \frac{m\omega q^2}{2}\left[1 + \left(\frac{p}{m\omega q}\right)^2\right] = \frac{1}{2m\omega}(p^2 + m^2\omega^2 q^2) \quad (4.57)$$

を得るが，右辺はハミルトニアンそのものである．そこで，新しいハミルトニアンが次のように求まる．

$$H' = \omega P \quad (4.58)$$

よって，この変換が Q を循環座標にするような正準変換であることが分かる．

変数変換を $(q,p) \to (Q,P)$ を具体的に与えると

$$q = \sqrt{\frac{2P}{m\omega}}\sin Q, \quad p = \sqrt{2m\omega P}\cos Q \quad (4.59)$$

と書け，Q を角度変数とする相空間 (q,p) のある種の極座標表示と思える．与えられたハミルトニアン (4.58) から正準方程式を作ると

$$\dot{Q} = \{Q, H'\} = \omega, \quad \dot{P} = 0 \quad (4.60)$$

となる．Q が循環座標になっているので P は保存量でハミルトニアンから $E = \omega P$ が分かる．Q の方程式の解は $Q(t) = \omega t + \alpha$ である．もとの変数にもどすと

$$q = \sqrt{\frac{2E}{m\omega^2}}\sin(\omega t + \alpha) \quad (4.61)$$

となり，確かに単振動になっている．

一般に，周期運動をする場合の循環座標への変換を考えるとき，**作用変数** (action variable) と**角変数** (angle variable) をとるとよいことが知られている．作用変数は，1 次元の場合

$$J = \frac{1}{2\pi}\oint p\,dq \quad (4.62)$$

で与えられる．ただし，積分路は相空間中でエネルギーが一定の軌道の描く閉曲線に沿ってちょうど 1 周することを表す．作用変数 J に共役な変数 Q は一般に角変数と呼ばれ循環座標になる．

ここで例として取り上げている調和振動子では

$$J = \frac{1}{2\pi} \oint p\,dq = \frac{E}{\omega} = P \tag{4.63}$$

となり，P がちょうどこの作用変数になっていることが分かる．また共役な座標 Q は確かに角変数になっていて循環座標である．

4.3.3 母関数が時間による正準変換

最後に少し複雑だが非常に興味深い正準変換を行ってみよう．変換の母関数は次のようである．

$$W_1 = m\omega \frac{q^2 \cos\omega t - 2qQ + Q^2 \cos\omega t}{2\sin\omega t} \tag{4.64}$$

この母関数は時間にあらわによっている．変数変換は

$$p = \frac{\partial W_1}{\partial q} = m\omega \frac{q\cos\omega t - Q}{\sin\omega t} \tag{4.65}$$

$$P = -\frac{\partial W_1}{\partial Q} = -m\omega \frac{Q\cos\omega t - q}{\sin\omega t} \tag{4.66}$$

で与えられる．2番目の式より

$$q = \frac{P}{m\omega}\sin\omega t + Q\cos\omega t \tag{4.67}$$

を得る．この式を式 (4.65) に代入すると

$$p = P\cos\omega t - m\omega Q \sin\omega t \tag{4.68}$$

となる．よってこの母関数 (4.64) は，相空間における回転座標系への座標変換を与えることが分かる．

この変数変換をハミルトニアンに代入すると

$$\begin{aligned}
&H(q(Q,P), p(Q,P)) \\
&= \frac{1}{2m}(P\cos\omega t - m\omega Q\sin\omega t)^2 + \frac{1}{2}m\omega^2\left(\frac{P}{m\omega}\sin\omega t + Q\cos\omega t\right)^2 \\
&= \frac{1}{2m}P^2 + \frac{1}{2}m\omega^2 Q^2
\end{aligned} \tag{4.69}$$

を得る．一方，母関数が時間によるので新しいハミルトニアンには母関数の時間微分も寄与する．

$$\begin{aligned}
\frac{\partial W_1}{\partial t} &= m\omega^2 \frac{1}{2\sin^2\omega t}[-(q^2+Q^2)+2qQ\cos\omega t] \\
&= \frac{m\omega^2}{2\sin^2\omega t}\left[-\left(\frac{P}{m\omega}\sin\omega t + Q\cos\omega t\right)^2\right. \\
&\quad \left. +2\left(\frac{P}{m\omega}\sin\omega t + Q\cos\omega t\right)Q\cos\omega t - Q^2\right] \\
&= \frac{m\omega^2}{2\sin^2\omega t}\left[-\frac{P^2}{m^2\omega^2}\sin^2\omega t - Q^2\sin^2\omega t\right] \\
&= -\frac{1}{2m}P^2 - \frac{1}{2}m\omega^2 Q^2 \tag{4.70}
\end{aligned}$$

よって，新しいハミルトニアンは

$$H'(Q,P) = H(q(Q,P),p(Q,P)) + \frac{\partial W_1}{\partial t} = 0 \tag{4.71}$$

となり，変換後のハミルトニアンが0になることが分かる．この結果，新しい正準座標では運動方程式は

$$\dot{P} = 0, \quad \dot{Q} = 0 \tag{4.72}$$

となり，すべてが循環座標になってしまった．

このように，すべてが循環座標になってしまうとPとQが定数なので，変換式 (4.67) が運動方程式の解を与えていることになる．このことから，うまい正準変換を見つけると運動方程式が簡単に解けるようになることが分かる．しかし，これは正準変換によって問題が解けることを意味していない．問題は，式 (4.64) のような複雑な母関数をどうやって求めるかである．

4.4　正準変換とポアッソン括弧

ポアッソン括弧を使うことで正準方程式が物理量の発展方程式として統一的にとらえられることを見た．さらに，以下に見るようにポアッソン括弧は正準変換で不変であることが分かる．

4.4.1　ポアッソン括弧の不変性

まず，ポアッソン括弧の値が正準変換によって変わらないことを，直接的な計算で示しておこう．正準変換 $(q,p) \to (Q,P)$ のもとで，正準座標の間には

いくつかの関係がある．母関数 $W_1(q,Q)$ の関係式 (4.18) より

$$\frac{\partial p_i}{\partial Q^j} = -\frac{\partial P_j}{\partial q^i} \tag{4.73}$$

同様に，どれを独立変数と思うかによって

$$\frac{\partial Q^i}{\partial q^j} = \frac{\partial p_j}{\partial P_i}, \quad \frac{\partial Q^i}{\partial p_j} = -\frac{\partial q^j}{\partial P_i}, \quad \frac{\partial P_i}{\partial p_j} = \frac{\partial q^j}{\partial Q^i} \tag{4.74}$$

が成り立つ．そこで，変換後の正準座標 (P,Q) のポアッソン括弧を変換前の変数 (p,q) で計算してみると

$$\begin{aligned}
\{Q^k, P_l\}_{qp} &= \sum \left(\frac{\partial Q^k}{\partial q^i} \frac{\partial P_l}{\partial p_i} - \frac{\partial P_l}{\partial q^i} \frac{\partial Q^k}{\partial p_i} \right) \\
&= \sum \left(\frac{\partial p_i}{\partial P_k} \frac{\partial P_l}{\partial p_i} + \frac{\partial P_l}{\partial q^i} \frac{\partial q^i}{\partial P_k} \right) \\
&= \frac{\partial P_l}{\partial P_k} = \delta_{kl}
\end{aligned} \tag{4.75}$$

のようになる．ここで，どの変数でポアッソン括弧を計算したかが分かるように，変数を添え字としてつけた．式 (4.75) の帰結として

$$\{Q^k, P_l\}_{qp} = \{Q^k, P_l\}_{QP} \tag{4.76}$$

であることが分かる．つまり，基本的な関係はポアッソン括弧をどの正準座標で計算するかによらない．この関係式から一般の物理量 F, G のポアッソン括弧も正準座標によらず

$$\{F, G\}_{qp} = \{F, G\}_{QP} \tag{4.77}$$

であることが示せる．

証明は少し複雑であるが，微分の変数変換の式の見通しよくするために正準座標 (Q,P) を一括した $Z^I(I=1,\ldots,2N)$，$Z^i = Q^i$，$Z^{i+N} = P_i$ という座標を使うとよい．

$$\begin{aligned}
\{F, G\}_{qp} &= \sum_i \left(\frac{\partial F}{\partial q^i} \frac{\partial G}{\partial p_i} - \frac{\partial G}{\partial q^i} \frac{\partial F}{\partial p_i} \right) \\
&= \sum_{I,J,i} \left(\frac{\partial F}{\partial Z^I} \frac{\partial Z^I}{\partial q^i} \frac{\partial G}{\partial Z^J} \frac{\partial Z^J}{\partial p_i} - \frac{\partial G}{\partial Z^I} \frac{\partial Z^I}{\partial q^i} \frac{\partial F}{\partial Z^J} \frac{\partial Z^J}{\partial p_i} \right)
\end{aligned}$$

$$= \sum_{IJ} \frac{\partial F}{\partial Z^I} \frac{\partial G}{\partial Z^J} \{Z^I, Z^J\}_{qp} \tag{4.78}$$

ここで，$\{Z^I, Z^J\}_{qp}$ が値を持つのは式 (4.76) より，

$$\begin{cases} I = i, & J = N+i, & \{Z^i, Z^{N+i}\}_{qp} = \{Q^i, P_i\}_{QP} = 1 \\ I = N+i, & J = i, & \{Z^{N+i}, Z^i\}_{qp} = \{P_i, Q^i\}_{QP} = -1 \end{cases} \tag{4.79}$$

のときだけなので式 (4.78) の和に代入すると，

$$\begin{aligned}\{F, G\}_{qp} &= \sum_i \left(\frac{\partial F}{\partial Q^i} \frac{\partial G}{\partial P_i} \{Q^i, P_i\} + \frac{\partial F}{\partial P_i} \frac{\partial G}{\partial Q^i} \{P_i, Q^i\} \right) \\ &= \{F, G\}_{QP} \end{aligned} \tag{4.80}$$

となり証明が終わる．

逆に，与えられた変換 $(q, p) \to (Q, P)$ において式 (4.76) が成り立つ，つまりポアッソン括弧が不変ならば，その変換は正準変換であることがいえる．

4.4.2 正準変換の不変量

このように，物理量のポアッソン括弧はどのような正準座標を使って計算しても不変であることが分かった．このほかにも座標系 (q^i, p_i) で表されたある物理量と，正準変換後の新しい変数 (Q^i, P_i) で表した同じ形の物理量が等しい量が知られている．例えば，ベクトルの内積が回転変換の不変量であるのと同じように，これらを正準変換の不変量と呼ぶ．不変量は変換の意味を理解するのに非常に大切な概念である．

正準変換が今 $W(q, Q)$ で与えられるとする．変換則より

$$p_i = \frac{\partial W}{\partial q^i}(q, Q, t), \quad P_i = -\frac{\partial W}{\partial Q^i}(q, Q, t) \tag{4.81}$$

が得られる．したがって

$$\delta W(q, Q) = \sum_i \frac{\partial W}{\partial q^i} \delta q^i + \sum_i \frac{\partial W}{\partial Q^i} \delta Q^i = \sum_i p_i \delta q^i - \sum_i P_i \delta Q^i \tag{4.82}$$

を得る[*6]．この式を，相空間内のある閉曲線 C に関して線積分する．すると，

[*6] ここで考えている微分を時間方向の微分と区別するために d の代わりに δ を使っている．

全微分の閉曲線に関する積分は $\oint \delta W(q,Q) = 0$ なので，結果として

$$\oint \sum_i p_i \delta q^i = \oint \sum_i P_i \delta Q^i \tag{4.83}$$

を得る．ここで，それぞれの線積分はそれぞれの正準座標で描かれた閉曲線に関して積分することを意味する．つまり右辺の線積分は (q,p) 空間の閉曲線を正準変換で写像した (Q,P) 空間の閉曲線に沿って積分することになる．この関係式は

$$J = \oint \sum_i p_i \delta q^i \tag{4.84}$$

が正準変換の不変量であることを意味している．

次に，

$$J_1 = \int_D \sum_i \delta q^i \delta p_i \tag{4.85}$$

という相空間中のある 2 次元面 D に関する面積分で与えられる量を考える．この量の不変性はストークスの定理を使えば式 (4.84) の J で閉曲線を D の境界としたときの不変性に帰着するが，ここでは直接変数変換をして証明する．

いま，相空間中の 2 次元面 D_2 をパラメータ (u,v) を使って表す．つまり $(q^i(u,v), p_i(u,v))$ が 2 次元面の座標を与える．このとき積分のパラーメータによる表示はヤコビアンを使うと

$$\delta q^i \delta p_i = \frac{\partial(q^i, p_i)}{\partial(u,v)} du dv \tag{4.86}$$

で与えられる．ただし，ヤコビアンは

$$\frac{\partial(q^i, p_i)}{\partial(u,v)} = \frac{\partial q^i}{\partial u}\frac{\partial p_i}{\partial v} - \frac{\partial q^i}{\partial v}\frac{\partial p_i}{\partial u} \tag{4.87}$$

で与えられる．正準変換を母関数 $W(q,P)$ で与えるとすると，変換式は

$$p_i = \frac{\partial W}{\partial q^i}, \quad Q^i = \frac{\partial W}{\partial P_i} \tag{4.88}$$

である．ヤコビアンに変換式の p_i を代入すると

$$\begin{aligned}
\frac{\partial(q^i, p_i)}{\partial(u, v)} &= \frac{\partial q^i}{\partial u}\left(\frac{\partial^2 W}{\partial q^i \partial q^j}\frac{\partial q^j}{\partial v} + \frac{\partial^2 W}{\partial q^i \partial P_j}\frac{\partial P_j}{\partial v}\right) \\
&\quad - \frac{\partial q^i}{\partial v}\left(\frac{\partial^2 W}{\partial q^i \partial q^j}\frac{\partial q^j}{\partial u} + \frac{\partial^2 W}{\partial q^i \partial P_j}\frac{\partial P_j}{\partial u}\right) \\
&= \frac{\partial q^i}{\partial u}\frac{\partial^2 W}{\partial q^i \partial P_j}\frac{\partial P_j}{\partial v} - \frac{\partial q^i}{\partial v}\frac{\partial^2 W}{\partial q^i \partial P_j}\frac{\partial P_j}{\partial u}
\end{aligned} \tag{4.89}$$

を得る.一方

$$\frac{\partial(Q^i, P_i)}{\partial(u, v)} = \frac{\partial Q^i}{\partial u}\frac{\partial P_i}{\partial v} - \frac{\partial Q^i}{\partial v}\frac{\partial P_i}{\partial u} \tag{4.90}$$

に,変換式 (4.88) の Q^i を代入すると,式 (4.89) の右辺とまったく同じ式になることが分かる.よって

$$\frac{\partial(q^i, p_i)}{\partial(u, v)} = \frac{\partial(Q^i, P_i)}{\partial(u, v)} \tag{4.91}$$

であることが証明された.このことより

$$J_1 = \int_{D_2} \delta q^i \delta p_i = \int_{D'_2} \delta Q^i \delta P_i \tag{4.92}$$

であることが分かる.ただし,D'_2 は面 D_2 を正準変換して得られる変換後の (Q, P) 相空間での面である.

　この種の不変量 J や J_1 は**積分不変量**と呼ばれる.積分不変量は $2n$ 次の

$$J_n = \int_{D_{2n}} \sum_i \delta q^{i_1} \cdots \delta q^{i_n} \delta p_{i_1} \cdots \delta p_{i_n} \tag{4.93}$$

にまで拡張することができる.ただし,D_{2n} は相空間中の $2n$ 次元部分空間である.また $\sum_i$ は相空間の座標から異なる n 個の添え字の組 $\{i_1, \cdots, i_n\}$ についての和を意味する.J_n の不変性は J_1 のヤコビアンによる証明と同様に行うことができる.

　特に,最高次の積分不変量

$$J_N = \int_{D_{2N}} \delta q^{i_1} \cdots \delta q^{i_N} \delta p_{i_1} \cdots \delta p_{i_N} \tag{4.94}$$

は,相空間中の $2N$ 次元の領域 D_{2N} の体積が正準変換で不変であることを意味する.

4.5 無限小正準変換

考えている系が対称性を持つとき，その対称性変換を引き起こす正準変換を考えることができる．その変換の無限小変換の生成元は正準方程式から保存量になっていることが分かる．一方，ハミルトニアンの無限小変換は生成元とのポアッソン括弧で求めることができるが，その変換が系の対称性であるかぎりそのポアッソン括弧の値はゼロである．このようにして，正準変換の立場からネーターの定理が導かれる．

4.5.1 母関数と生成元

無限小正準変換とは，恒等変換から少しだけずれた正準変換のことである．例えば，z 軸周りの座標の回転を考える．これは点変換なので正準変換である．このとき，回転角 θ が微小量のときに相当する変換が無限小回転の正準変換ということになる．無限小正準変換は一般にこのように無限小のパラメータを含みそのパラメータを 0 にすると恒等変換になる．

無限小正準変換も母関数を使って表すことができる．そのような母関数は，あるパラメータ，例えば λ を含み，そのパラメータが 0 になると恒等変換の母関数になる．無限小正準変換の母関数は，そのパラメータ λ が無限小のときの恒等変換からのずれを表す生成元 (generator) と呼ばれる関数で特徴付けられる．

そこで，無限小正準変換を与える母関数を具体的に構成してみよう．恒等変換を含むために，(q^i, P_i) を独立変数にとり，さらに母関数 $W_3(q, P)$ が時間にあらわによらないとする．正準変換は

$$H = H', \quad p_i = \frac{\partial W_3}{\partial q^i}, \quad Q^i = \frac{\partial W_3}{\partial P_i} \qquad (4.95)$$

となる．無限小変換は無限小パラメータを $\delta\lambda$ とすると，$\delta\lambda = 0$ で恒等変換になることから

$$W_3 = Pq + \delta\lambda K(q, P) \qquad (4.96)$$

となるはずである．ここで $K(q, P)$ は，q^i, P_i の関数である．

それぞれの量の変換は式 (4.95) より

4.5 無限小正準変換

$$Q^i = q^i + \delta\lambda \frac{\partial K}{\partial P_i} \tag{4.97}$$

$$p_i = P_i + \delta\lambda \frac{\partial K}{\partial q^i} \tag{4.98}$$

となる．この式は，正準座標の変換による差が $\delta\lambda$ 程度であることを表しているので，$K(Q,P)$ および $K(q,p)$ の $K(q,P)$ との差も $\delta\lambda$ 程度である．つまり，$\delta\lambda$ の 1 次までの近似で $\delta\lambda K(q,p) = \delta\lambda K(q,P) = \delta\lambda K(Q,P)$ とおける．すると，K の微分は次のようにポアッソン括弧を使って書くことができ，正準座標の微小変化は

$$\delta q^i = Q^i - q^i = \delta\lambda \frac{\partial K}{\partial P_i} = \delta\lambda \{Q^i, K\}_{PQ} \tag{4.99}$$

$$\delta p_i = P_i - p_i = -\delta\lambda \frac{\partial K}{\partial q^i} = \delta\lambda \{p_i, K\}_{pq} \tag{4.100}$$

と書ける．

ポアッソン括弧は正準座標のとり方によらないことを使うと，さらに $\delta\lambda$ の 1 次までの近似で

$$\delta q^i = \delta\lambda \{q^i, K(q,p)\} \tag{4.101}$$

$$\delta p_i = \delta\lambda \{p_i, K(q,p)\} \tag{4.102}$$

を得る．

また，一般の物理量の微小変化は

$$\delta f(p,q) = \sum_i \left(\frac{\partial f}{\partial q^i} \delta q^i + \frac{\partial f}{\partial p_i} \delta p_i \right) = \delta\lambda \sum_i \left(\frac{\partial f}{\partial q^i} \frac{\partial K}{\partial p_i} - \frac{\partial f}{\partial p_i} \frac{\partial K}{\partial q^i} \right) \tag{4.103}$$

となるが，最後の式がポアッソン括弧を使って書き換えられるので，結果として

$$\delta f(p,q) = \delta\lambda \{f, K\} \tag{4.104}$$

となることが分かる．この式は，変換に含まれるパラメータ λ に関する

$$\frac{df}{d\lambda} = \{f, K\} \tag{4.105}$$

という微分方程式を与える．これは，f という物理量の変換に対する応答を与える式である．このように母関数に現れる $K(q,p)$ は，物理量の無限小変換に

対する応答を与えるので、無限小変換の生成元と呼ばれる。

4.5.2　無限小回転と角運動量

無限小変換の意味を理解するために、3次元の z 軸の周りの回転を考える。点変換の母関数の定義を (q^i, P_i) を独立変数として与えると

$$W_2(q,P) = P_i f^i(q) \tag{4.106}$$

である。変換の関数 f^i は、次の回転

$$X = x\cos\phi - y\sin\phi, \quad Y = x\sin\phi + y\cos\phi, \quad Z = z \tag{4.107}$$

を与えるように決める。この変換は

$$W_2 = P_x(x\cos\phi - y\sin\phi) + P_y(x\sin\phi + y\cos\phi) - P_z z \tag{4.108}$$

とすれば得られる。

今、回転角 ϕ が微小量 $\delta\phi \ll 1$ とすると、

$$W = P_i q^i + \delta\phi(xP_y - yP_x) = P_i q^i + \delta\phi(xp_y - yp_x) \tag{4.109}$$

と展開できるので、今の場合

$$K(p,q) = xp_y - yp_x = L_z \tag{4.110}$$

であることが分かる。これは、角運動量ベクトルの z 方向成分である。同様にして他の軸の無限小回転からそれぞれの角運動量成分を得ることができる。このように、無限小回転は正準変換の立場からは、角運動量によって生成されると考えられる。そこで、角運動量を回転の生成元と呼ぶことができる。実際、それぞれの正準座標の変化分は式 (4.104) より

$$\begin{aligned}\delta q^i &= Q^i - q^i = \delta\phi\{q^i, L_z\} \\ \delta p_i &= P_i - p_i = \delta\phi\{p_i, L_z\}\end{aligned} \tag{4.111}$$

を得る。よって、一般の物理量 $f(q,p)$ に関して

$$\frac{df}{d\phi} = \{f, L_z\} \tag{4.112}$$

が成り立つ。これは、物理量の回転に対する応答を与える。仮に z 軸回転に関して、もしその物理量が不変であるとすると、$df/d\phi = 0$ なので、L_z とのポアッソン括弧 $\{f, L_z\} = 0$ が成り立つ。特に、ハミルトニアン H が回転に関して不

変な場合,
$$\{L_z, H\} = 0 \tag{4.113}$$
が成り立つが,正準方程式からこのことは L_z が保存することを表す.この関係は,対称性があると,保存量があるというネーターの定理の帰結と考えられる.以上のことは次のように一般化することができる.

4.5.3 正準変換とネーターの定理

一般にある正準変換がパラメータ ϕ を含むとき,その正準変換の無限小変換の生成元 K が与えられると,物理量 $f(q,p)$ の変化は

$$\frac{df}{d\phi} = \{f, K\} \tag{4.114}$$

で与えられる.一方,正準方程式から,時間にあらわによらない物理量 $f(q,p)$ の時間発展が

$$\frac{df}{dt} = \{f, H\} \tag{4.115}$$

で与えられる.

いま,考えている正準変換でハミルトニアンが不変である場合,それをそのハミルトニアンが記述する物理系の対称性であるという.すると,その対称性の無限小変換でハミルトニアンはやはり不変なはずである.つまり,対称性の生成元 K で生成される無限小変換で,物理量 H が不変である.よって,その正準変換のパラメータを ϕ とすると

$$\frac{dH}{d\phi} = \{H, K\} = 0 \tag{4.116}$$

を満たす.一方,正準方程式から,生成元 K の時間微分は

$$\frac{dK}{dt} = \{K, H\} \tag{4.117}$$

と書ける.ポアッソン括弧の性質から $\{K, H\} = -\{H, K\}$ なので結果として

$$\frac{dK}{dt} = 0 \tag{4.118}$$

が成り立つ. つまり, K は時間変化しないことが分かる. 以上のことは, 正準変換に基づいたネーターの定理として次のようにまとめることが出来る.

正準変換に関するネーターの定理

ハミルトニアンがある正準変換に関して対称であるとき, 対応した無限小正準変換の生成元 K は保存量を与える.

4.5.4 正準変換としての時間発展

生成元 K によって引き起こされる無限小正準変換の式 (4.114) と, 物理量の時間発展の式 (4.115) を比較することによって, 時間発展も無限小正準変換と考えられることが分かる. 時間発展を引き起こす無限小正準変換の生成元はハミルトニアンである. まとめておくと

時間発展は正準変換であり, その無限小正準変換の生成元はハミルトニアンである.

このことから, 以前に議論した正準変換の不変量が一般に保存量になることが導かれる. 特に, 積分不変量の中でも最高次の積分不変量 J_N

$$J_N = \int_{D_{2N}} \delta q^{i_1} \cdots \delta q^{i_N} \delta p_{i_1} \cdots \delta p_{i_N} \tag{4.119}$$

が正準変換で不変であることと, 時間発展が正準変換であることから次のような意味を持つ.

相空間中のある領域 D_{2N} 内の各点が正準方程式にしたがって運動するとき, 領域 D_{2N} の形は変化していくがその体積は不変に保たれる. これをリュービユ (Liouville) の定理と呼ぶ.

リュービユの定理

相空間の領域の体積

$$J_N = \int_{D_{2N}} \delta q^{i_1} \cdots \delta q^{i_N} \delta p_{i_1} \cdots \delta p_{i_N} \tag{4.120}$$

は運動の保存量である.

リュービユの定理は統計力学の基礎になる定理である．

4.6 ハミルトン–ヤコビの理論

正準方程式は，物理量の時間発展が H を生成元とする無限小正準変換で与えられることを示している．このことを基礎に次のハミルトン–ヤコビの理論が展開される．

4.6.1 ハミルトン–ヤコビ方程式

無限小正準変換の生成元と物理量の無限小変換の式から，時間発展も H を生成元とする無限小正準変換と考えられることを説明した．それでは，有限の時間発展を与える正準変換はどのような母関数で与えられるだろうか？ このような母関数は，初期値の正準座標 (P,Q) と現在の正準座標 (p,q) をつなぐ正準変換を与える．

一般論からこのような変換を与える母関数にも，独立変数のとり方がいろいろ考えられるが，ハミルトン–ヤコビの理論では，現在の座標 q を独立変数に含む場合を考える．すると，独立変数の組として (q,P) または (q,Q) が考えられる．そこで，まず (q,P) を独立変数とし，その母関数を $S(q,P,t)$ とする．正準変換の公式は，変数変換の式が

$$p_i = \frac{\partial S}{\partial q^i}, \quad Q^i = \frac{\partial S}{\partial P_i} \tag{4.121}$$

で与えられ，新しいハミルトニアンは

$$H'(P,Q) = H(p,q) + \frac{\partial S}{\partial t} \tag{4.122}$$

である．さて，もし時間発展に相当する座標変換を行うとすると新しい座標系では，時間発展は一切起こらないことになる．これはコマが，そのコマと同じ速さで回転する回転座標系から見ると静止しているのと同じである．時間発展が起こらない座標系では，ハミルトニアンとすべての物理量のポアソン括弧が 0 になる．ポアソン括弧が相空間の座標の微分でかけていることを思い出すと，このことは，新しいハミルトニアン $H' =$ 定数 であることを意味する．定数の値は正準変換に影響しないので，これを 0 にとるとハミルトン–ヤコビ (Hamilton-Jacobi) 方程式と呼ばれる母関数 $S(q,P,t)$ の満たすべき方程式が

求まる.

> **ハミルトン–ヤコビ方程式**
> $$H\left(\frac{\partial S}{\partial q}, q\right) + \frac{\partial S}{\partial t} = 0 \tag{4.123}$$

いまの場合，独立変数として q, P をとったが，q, Q をとることもできる．この場合でも正準変換の関係式 $p = \partial S/\partial q$ は同じなので，ハミルトン–ヤコビ方程式 (4.123) は変わらない.

ハミルトン–ヤコビ方程式を満たす母関数 S が求まると，新しい座標系 Q, P での正準方程式は

$$\dot{Q}^i = \frac{\partial H'}{\partial P_i} = 0, \quad \dot{P}_i = -\frac{\partial H'}{\partial Q^i} = 0 \tag{4.124}$$

となるので，正準座標 (Q^i, P_i) そのものが運動の定数を与えることになる．

そこで，母関数 $S(q, P, t)$ は偏微分方程式 (4.123) の解で，しかも N 個の任意定数 P_i を含む解になっている．このような解を完全解と呼ぶ．さらに，共役な座標 Q^i も定数なので正準変換の関係式

$$\frac{\partial S(q, P, t)}{\partial P_i} = Q^i \tag{4.125}$$

を q^i について解くことで，$q^i(t)$ を $2N$ 個の任意定数を含む時間の関数として求めることができる．もちろん，この $2N$ 個の任意定数は，$2N$ 個の初期条件により定めることができる[*7]．このようにして，与えられた初期条件を満たす運動方程式の解が得られる.

4.6.2 ハミルトン–ヤコビ方程式の解

ハミルトン–ヤコビの方法を理解するために，1 次元の問題の完全解を求めてみよう.

a. 自由粒子

1 次元の自由粒子について解を求めてみよう．自由粒子の正準座標を (q, p) とするとハミルトン–ヤコビの方程式は

[*7] 相空間の次元が $2N$ なので初期条件としては N 個の一般化座標と N 個の正準共役な運動量を与えられる．

4.6 ハミルトン-ヤコビの理論

$$\frac{\partial S}{\partial t} = -\frac{1}{2m}\left(\frac{\partial S}{\partial q}\right)^2 \tag{4.126}$$

と書ける．ここで，

$$S = T(t) + W(q) \tag{4.127}$$

とおいて代入すると

$$\frac{\partial T}{\partial t} = -\frac{1}{2m}\left(\frac{\partial W}{\partial q}\right)^2 \tag{4.128}$$

となる．すると，左辺は時間 t のみの関数で右辺は空間座標のみの関数に分離できる．このような手法を変数分離と呼ぶ．各辺が，独立な変数の関数なので，これらが常に等しくなるためには，各辺が定数でなければならない．そこで，その定数を P として

$$\frac{\partial T}{\partial t} = -P \tag{4.129}$$

を解くと，$T(t) = -Pt$ である[*8]．

一方，W の満たす方程式は

$$\frac{1}{2m}\left(\frac{\partial W}{\partial q}\right)^2 = P \tag{4.130}$$

となる．W の解は

$$W = \sqrt{2mP}q \tag{4.131}$$

である．よって

$$S(q, P, t) = \sqrt{2mP}q - Pt \tag{4.132}$$

が完全解を与える．

正準変換の式

$$p = \frac{\partial S}{\partial q} = \sqrt{2mP} \tag{4.133}$$

より，新しい正準座標 P は粒子の運動エネルギー $P = p^2/(2m)$ であることが分かる．一方，P に共役な正準座標

[*8] ここの t 積分に現れる積分定数は S の定数項なので無視してよい．

$$Q = \frac{\partial S}{\partial P} = \sqrt{\frac{m}{2P}} q - t \qquad (4.134)$$

も定数である．この式を q について解くと

$$q = \sqrt{\frac{2P}{m}}(t + Q) \qquad (4.135)$$

を得る．よって，新しい正準座標 Q は $t = 0$ のときの座標 x_0 から

$$Q = \sqrt{\frac{m}{2P}} x_0 \qquad (4.136)$$

と求まる．

b. 調和振動子

調和振動子のハミルトニアン (3.28) からハミルトン–ヤコビ方程式は

$$\frac{\partial S}{\partial t} + \frac{1}{2m}\left(\left(\frac{\partial S}{\partial q}\right)^2 + m^2\omega^2 q^2\right) = 0 \qquad (4.137)$$

で与えられる．ハミルトニアンが時間 t によらないので変数分離ができる．そこで，

$$S(q, t) = W(q) - Et \qquad (4.138)$$

とおく．ここでは，時間変数の変数分離に現れる定数は正準変数 P であるがエネルギーに対応することが分かっているので E と呼んだ．ハミルトン–ヤコビ方程式に代入すると，$W(q, E)$ は

$$\left(\frac{\partial W}{\partial q}\right)^2 + m^2\omega^2 q^2 - 2mE = 0 \qquad (4.139)$$

を満たす．よって，W について解いて積分すると

$$W(q, E) = \int \sqrt{2mE - m^2\omega^2 q^2}\, dq \qquad (4.140)$$

を得る．これによって完全解が

$$S(q, E, t) = \int \sqrt{2mE - m^2\omega^2 q^2}\, dq - Et \qquad (4.141)$$

で与えられることが分かる．この最後の積分は実行する必要はなく，次のように運動方程式の一般解が求められる．

まず，式 (4.125) より

$$Q = \frac{\partial S(q,E,t)}{\partial E} = \frac{\partial W(q,E)}{\partial E} - t \qquad (4.142)$$

が得られる．ここで

$$\frac{\partial W}{\partial E} = \int \frac{m}{\sqrt{2mE - m^2\omega^2 q^2}} dq \qquad (4.143)$$

なので，積分を実行すると

$$\frac{\partial W}{\partial E} = \frac{1}{\omega} \sin^{-1}\left(\sqrt{\frac{m\omega^2}{2E}} q\right) = t + Q \qquad (4.144)$$

となる．よって，2 個の定数 (Q, E) を含む $q(t)$ を求めることができ

$$q(t) = \sqrt{\frac{2E}{m\omega^2}} \sin\omega(t + Q) \qquad (4.145)$$

を得る．

4.6.3 ハミルトンの主関数

変分原理の章で導入したように，あるラグランジアン $L(q,\dot{q},t)$ が与えられたとき，作用は

$$S[q(\cdot)] = \int_{t_0}^{t_1} L(q,\dot{q},t) dt \qquad (4.146)$$

であった．作用 $S[q(\cdot)]$ は，配位空間上の任意の軌道 $q^i(t)$ が与えられれば，積分が実行でき，ある値が決まる汎関数である．変分原理によれば，時刻 $t = t_0, t_1$ においてそれぞれ $q^i(t_0) = q_0^i$ と $q^i(t_1) = q_1^i$ であるような運動の軌道 $\bar{q}^i(t)$ は，この作用を最小にする．

いま，その解 $\bar{q}^i(t)$ を作用 $S[q(\cdot)]$ の定義に代入した量

$$S(q_1, t_1, q_0, t_0) = \int_{t_0}^{t_1} d\bar{t} L(\bar{q}(\bar{t}), \dot{\bar{q}}(\bar{t}), \bar{t}) \qquad (4.147)$$

を考える．ここで，作用と同じ記号 S を使っているが，この $S(q_1, t_1, q_0, t_0)$ はもはや汎関数ではなく，軌道の両端の時刻 (t_0, t_1) とそのときの座標 q_0^i, q_1^i の関数と考えられる．この $S(q_1, t_1, q_0, t_0)$ をハミルトンの主関数 (Hamilton's principal fanction) と呼ぶ. 以下では, 簡単のために必要のない限り $S(q_1, q_0)$ のように時間変数をあらわには書かない.

ハミルトンの主関数 $S(q_1, q_0)$ の満たす微分方程式を導くために, 始点 (q_0, t_0) と終点 (q_1, t_1) の位置と時刻が微小に異なる解 $\bar{q}'(t')$ を考える. つまり $\bar{q}'(t)$ は

$$\bar{q}'(t'_0) = q'_0, \quad \bar{q}'(t'_1) = q'_1 \tag{4.148}$$

を満たすような運動方程式の解である. $\bar{q}'(t')$ と $\bar{q}(t)$ は始点と終点で時刻もずれているので通常の変分と区別するために $\hat{\delta}$ で表すと, それぞれの関係は

$$\begin{aligned} t'_0 &= t_0 + \hat{\delta}t_0, & q'_0 &= q_0 + \hat{\delta}q_0 \\ t'_1 &= t_1 + \hat{\delta}t_1, & q'_1 &= q_1 + \hat{\delta}q_1 \end{aligned} \tag{4.149}$$

となる. ここで, 変分法によって運動方程式を導いたときの変分 δq は同時刻の変化であったが, ここで考えている変分 $\hat{\delta}q$ は始点と終点の時刻も変化させていることに注意する. これらの関係は微小量の1次までで

$$\begin{aligned} \hat{\delta}q(t) &\equiv q'(t + \hat{\delta}t) - q(t) = q'(t) - q(t) + \dot{q}'(t)\hat{\delta}t \\ &= \delta q(t) + \dot{q}(t)\hat{\delta}t \end{aligned} \tag{4.150}$$

である. 最後の変形で $\hat{\delta}t$ が掛かっている項では q と q' の違いは無視できることを使った.

このような, 時間変数も含む始点と終点の変分による $S(q_1, q_0)$ の変化は

$\hat{\delta} S(q_1, q_0)$

$$\begin{aligned} &= S(q'_1, t'_1, q'_0, t'_0) - S(q_1, t_1, q_0, t_0) \\ &= [S(q'_1, t'_1, q'_0, t'_0) - S(q'_1, t_1, q'_0, t_0)] + [S(q'_1, t_1, q'_0, t_0) - S(q_1, t_1, q_0, t_0)] \\ &= \left[\frac{\partial S(q_1, q_0)}{\partial t_1} \hat{\delta}t_1 + \frac{\partial S(q_1, q_0)}{\partial t_0} \hat{\delta}t_0 \right] + \delta S(q_1, q_0) \end{aligned} \tag{4.151}$$

第1項目の $\hat{\delta}t$ を含む項は時間変数に関する展開をした後, 再び q' を高次の項を無視して q で置き換えた. $S(q_1, q_0)$ の定義から時間変数 t_0, t_1 は積分区間の上限と下限に現れるだけなのでその微分はラグランジアンを与える. 一方, 第2項目の δS は積分区間が同じなので同時刻の変分であるが, 変分法のところでの計算と異なるところは境界 t_0 および t_1 においても変分が消えないことである.

4.6 ハミルトン-ヤコビの理論

$$\begin{aligned}
\delta S(q_1, q_0) &\equiv S(q_1', t_1, q_0', t_0) - S(q_1, t_1, q_0, t_0) \\
&= -\int_{t_0}^{t_1} dt [L(\bar{q}', \dot{\bar{q}}') - L(\bar{q}, \dot{\bar{q}})] \\
&= \int_{t_0}^{t} dt \left\{ \left(\frac{\partial L(\bar{q}, \dot{\bar{q}})}{\partial \bar{q}} - \frac{d}{dt} \frac{\partial L(\bar{q}, \dot{\bar{q}})}{\partial \dot{\bar{q}}} \right) \delta \bar{q} + \left(\frac{\partial L(\bar{q}, \dot{\bar{q}})}{\partial \dot{\bar{q}}} \right) \right\} \delta \bar{q} \Big|_{t_0}^{t}
\end{aligned}$$
(4.152)

ここで，$\bar{q}(t)$ は運動方程式を満たすので第 2 項の境界項だけが残り

$$\delta S(q_1, q_0) = \left(\frac{\partial L(\bar{q}, \dot{\bar{q}})}{\partial \dot{\bar{q}}} \right) \delta q_1 - \left(\frac{\partial L(\bar{q}, \dot{\bar{q}})}{\partial \dot{\bar{q}}} \right) \delta q_0 = p_1 \delta q_1 - p_0 \delta q_0$$
(4.153)

を得る．

これらの結果を代入することによって，ハミルトンの主関数の変分 $\hat{\delta}S$ は

$$\begin{aligned}
\hat{\delta}S(q_1, q_0) &= L(q, \dot{q})\hat{\delta}t|_{t_0}^{t_1} + p_1(\hat{\delta}q_1 - \dot{q}_1\hat{\delta}t_1) - p_0(\hat{\delta}q_0 - \dot{q}_0\hat{\delta}t_0) \\
&= p_1\hat{\delta}q_1 - p_0\hat{\delta}q_0 - H(q_1, p_1)\hat{\delta}t_1 + H(q_0, p_0)\hat{\delta}t_0
\end{aligned}$$
(4.154)

を得る．よって，

$$\frac{\partial S(q_1, q_0)}{\partial q_1} = p_1, \quad \frac{\partial S(q_1, q_0)}{\partial q_0} = -p_0 \qquad (4.155)$$

および

$$\frac{\partial S(q_1, q_0)}{\partial t_1} = -H(q_1, p_1), \quad \frac{\partial S(q_1, q_0)}{\partial t_0} = H(q_0, p_0) \qquad (4.156)$$

という関係を得る．

ハミルトンの主関数の満たすこれらの関係式を，正準変換の関係式と比べるためには，始点と終点の座標と対応する運動量を

$$\begin{cases} q_0 \longrightarrow Q \\ q_1 \longrightarrow q \end{cases}, \quad \begin{cases} p_0 \longrightarrow P \\ p_1 \longrightarrow p \end{cases}, \quad t_1 \longrightarrow t \qquad (4.157)$$

と置き換えるとよい．結果式 (4.155) は

$$\frac{\partial S(q, Q)}{\partial q} = p, \quad \frac{\partial S(q, Q)}{\partial Q} = -P \qquad (4.158)$$

となり，$S(q,Q)$ が W_1 タイプの (q,Q) を独立変数とする正準変換の母関数になっていることが分かる．さらに，式 (4.156) の最初の式は，

$$\frac{\partial S(q,Q)}{\partial t} = -H\left(q, \frac{\partial S(q,Q)}{\partial Q}\right) \tag{4.159}$$

となるので，ハミルトンの主関数がハミルトン–ヤコビ方程式を満たすことが分かる．

一方，式 (4.156) の 2 番目の式は，運動の初期時刻 t_0 に関する微分方程式

$$\frac{\partial S(q,Q)}{\partial t_0} = H\left(Q, -\frac{\partial S(q,Q)}{\partial Q}\right) \tag{4.160}$$

を与える．これは，ハミルトン–ヤコビ方程式を時間反転した式と考えられる．これら 2 個の方程式 (4.159)，(4.160) がハミルトンの主関数を特徴づけている．

4.6.4　調和振動子とハミルトンの主関数

すでに何度も例として取り上げてきた調和振動子のハミルトンの主関数を実際に求めてみよう．主関数を求めるには，初期条件を満たす古典解を求める必要がある．

古典解 $\bar{q}(\bar{t})$ の条件は

$$\begin{cases} \bar{t} = t_0 & \text{のとき} \quad \bar{q}(t_0) = Q \\ \bar{t} = t & \text{のとき} \quad \bar{q}(t) = q \end{cases} \tag{4.161}$$

である．調和振動子の一般解

$$\bar{q}(\bar{t}) = q(t_0)\cos\omega(\bar{t}-t_0) + \frac{p(t_0)}{\omega}\sin\omega(\bar{t}-t_0) \tag{4.162}$$

を使って，これらの条件を満たすように積分定数を定める．まず，初期条件より

$$\bar{q}(t_0) = Q \tag{4.163}$$

である．次に $\bar{t} = t$ のときに q を通ることから

$$\bar{q}(t) = Q\cos\omega(t-t_0) + \frac{p(0)}{m\omega}\sin\omega(t-t_0) = q \tag{4.164}$$

この方程式を解くと $p(t_0)$ が

$$\frac{p(t_0)}{m\omega} = \frac{q - Q\cos\omega(t - t_0)}{\sin\omega(t - t_0)} \tag{4.165}$$

となる．以上の結果から上記の条件を満たす解は

$$\bar{q}(\bar{t}) = \frac{Q\sin\omega(t - \bar{t}) + q\sin\omega(\bar{t} - t_0)}{\sin\omega(t - t_0)} \tag{4.166}$$

である．

　この解をラグランジアンに代入すると

$$\begin{aligned}&L(\bar{q}, \dot{\bar{q}}) \\&= \frac{m\omega^2\bigl(Q^2\cos 2\omega(\bar{t} - t) + q^2\cos 2\omega(\bar{t} - t_0) - 2Qq\cos\omega(2\bar{t} - t - t_0)\bigr)}{2\sin^2\omega(t - t_0)}\end{aligned} \tag{4.167}$$

を得る．このラグランジアンを時間積分すると，

$$\begin{aligned}S(q, t, Q, t_0) &= \int_{t_0}^{t} d\bar{t}\, L(\bar{q}, \dot{\bar{q}}) \\&= \frac{m\omega(Q^2\cos\omega(t - t_0) + q^2\cos\omega(t - t_0) - 2Qq)}{2\sin\omega(t - t_0)}\end{aligned} \tag{4.168}$$

となる．これは，$t - t_0$ を改めて時間変数 t と読み直せば時間を含む例として 4.3.3 項であげた母関数 (4.64) にほかならない．

5 特殊相対性理論の基礎

　特殊相対性理論は量子力学とともに現代物理学の基礎であり，私たちの自然観にも大きな影響を与える理論である．特に特殊相対性理論は時間と空間に対する私たちの認識を一新した．そしてそれは本書の前半で解説してきたニュートン力学における時間と空間に対する概念と真っ向から対立する．この対立は，2つの理論における速度の合成則の違いに端的に現れる．この章ではニュートン力学における速度の合成則（ガリレオの合成則）から始めて，なぜそれが特殊相対性理論で破綻し，そのことからどんな予言が導かれるを解説しよう．

5.1　ガリレオの速度の合成則とガリレオ変換

　例えば時速 300 km で走っている新幹線を同じ方向に速度 100 km で走っている自動車からながめると，新幹線の速度は時速 200 km に見える．この当たり前のことがガリレオの速度の合成則 (Galilean composition of velocities) である．もしこの合成則が成り立つなら，光を光速度の半分の速度で追いかけて見ると，光は光速度の半分の速さで進んでいるように見えるだろう．また光を光速度で追いかけると，光は止まって見えるだろう．実はこのことは成り立たない．次の節で詳述することにして，ここでは通常の速度の合成則がどのようにして成り立つのかを見てみよう．

　ニュートンがその基礎をつくった力学は，運動を時刻ごとの位置の変化として数学的に表すが，そのためには時刻を測る時計と（空間）座標系が必要である．座標系というのは，空間のある位置に原点をとり，そこから3方向に座標軸をひいて，各々の座標軸に目盛りを付けたものである．観測者は時々刻々，粒子の位置を自分が設定した座標系によって位置座標を測ることによって運動を

記述する．今後，観測者というときには，時刻を決める時計と空間座標系のこととする．本書の前半でも述べているように座標系の中でも特別な地位を占めているものが慣性座標系，略して慣性系である．慣性系とは「慣性の法則」が成り立つ座標系である．慣性の法則とは，「外力が作用していなければ物体は静止，または等速直線運動をする」というものであり，みかけの力が働かない座標系のことである．具体的にいえば加速度運動をしていない観測者が設定する直線直交座標系のことである．1つの慣性系に対して等速直線運動をしている直線直交座標系も慣性系であるから慣性系は無数に存在する．そしてどの慣性系も運動を記述することに関してはまったく同等であるというのが，「ガリレオの相対性原理」である．

このガリレオの相対性原理は，ニュートンの第2法則，すなわち運動方程式に具現されている．これを見てみよう．ある慣性系で測った速度が $v(t)$ のとき，この慣性系に対して一定の速度 V で運動している慣性系において同じ物体を観測すると物体の速度は我々の経験から，

$$v'(t) = v(t) - V \tag{5.1}$$

となる．これをガリレオの速度の合成則という．加速度は速度の時間微分であるから新しい慣性系でも物体の加速度は変わらない．したがって2つの慣性系で運動方程式も変わらないのである．

ガリレオの速度の合成則が成り立つためには，2つの慣性系の座標の間にある関係が成り立たなければならない．ひとつめの慣性系 O の座標を $(\boldsymbol{x}) = (x, y, z)$，もうひとつの慣性系 O' の座標を $(\boldsymbol{x'}) = (x', y', z')$ と書くと，この関係は次のように書ける．

$$\boldsymbol{x'} = \boldsymbol{x} - \boldsymbol{V}t \tag{5.2}$$

ただし，時刻 $t = 0$ で両方の慣性系の原点が一致していたとした．この関係は，慣性系 O' が一定の速度 V で時間 t だけ進めば，慣性系 O' の原点は慣性系 O の原点から vt だけ離れるので当然のように思うだろう．この2つの慣性系の座標の間の関係を，ガリレオ変換 (Galilean transformation) という．ここまでの話で実は大前提がある．それは2つの慣性系で時間の進みがまったく同じであるということである．空間のどこでも，またどんな慣性系でもまったく同じように進む時間を考え，それを絶対時間という．原理的には座標系とは，時

刻と空間座標のセットであるが，絶対時間の存在を仮定することで時間座標を忘れてよい．絶対時間に対して空間も，無限の過去から無限の未来まで何物にもよらず存在し，ユークリッド幾何学が成り立つと考える．このような空間を絶対空間という．

実際，ガリレオ変換を仮定すると，慣性系 O である粒子の速度を測って，それを

$$\boldsymbol{v}(t) = \frac{d\boldsymbol{x}(t)}{dt} \tag{5.3}$$

と書くと，慣性系 O' での同じ粒子の速度は次のように計算される．

$$\boldsymbol{v}'(t) = \frac{d\boldsymbol{x}'(t)}{dt} = \frac{d(\boldsymbol{x}(t) - \boldsymbol{V}t)}{dt} = \boldsymbol{v}(t) - \boldsymbol{V} \tag{5.4}$$

となって，ガリレオの速度の合成則が導かれることが分かる．したがってもしガリレオの速度の合成則が成り立たなければ，慣性系の間の変換がガリレオ変換ではないということになる．

5.2　光速度の不変性

19 世紀末，光の速度の測定でガリレオの速度の合成則の破たんが明らかになった．マイケルソンとモーレーは，干渉計を用いて地球の運動に対する光の速度の変化を測定した．マイケルソンがつくった干渉計（図 5.1）とは，半透明な鏡を使って光源から出た光を 2 つに分けて，その光を干渉させる装置である．そのために 2 つに分けた光を，鏡で反射させ再び半透明な鏡を使って合成する．2 つに分けた光の経路の長さを同じにしておくと，光の速度が違えば，合成したときに位相がずれて干渉縞に変化が起こる．この干渉縞の変化を見ることで地球の運動による光の速さの違いを見出そうとしたのである．

簡単のため地球の進行方向と垂直な方向に干渉計の腕があるとしよう．そして地球の速度を V として，ガリレオの速度の合成則が成り立つとして考えてみる．まず進行方向に出た光の速度は，静止した空間に対して地球の速度の分速くなって $c+V$ の速度で進むだろう．そして鏡に反射した後は，$c-V$ の速度で戻ってくるはずだ．したがって腕の長さを L とすると，戻ってくるまでにかかる時間は

5.2 光速度の不変性

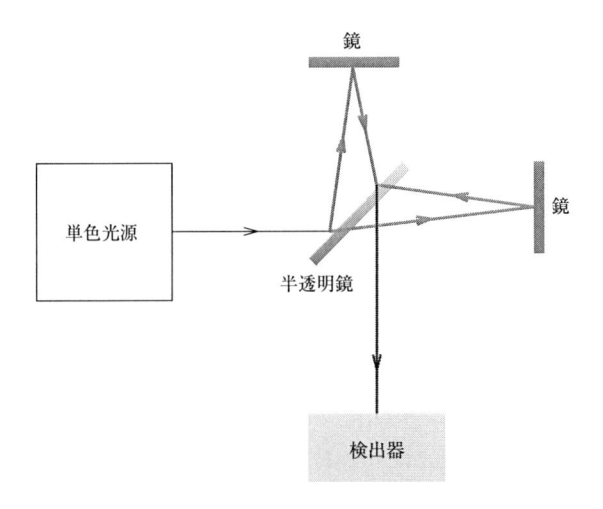

図 5.1 マイケルソン干渉計の原理

$$t_1 = \frac{L}{c+V} + \frac{L}{c-V} = \frac{2Lc}{c^2 - V^2} \tag{5.5}$$

一方，垂直な腕を進んだ光が往復する時間を計算してみよう．この時間を t_2 とすると，ピタゴラスの定理から

$$2\sqrt{L^2 + (Vt_2/2)^2} = ct_2 \tag{5.6}$$

から

$$t_2 = \frac{2L}{c}\frac{1}{\sqrt{1-V^2/c^2}} \tag{5.7}$$

となるから，2つの腕の往復に要した時間は

$$\Delta t = t_1 - t_2 \sim \frac{L}{c}\left(\frac{V}{c}\right)^2 \tag{5.8}$$

だけずれる．それによって位相のずれは，光の波長を λ として

$$\Delta\theta = \frac{c\Delta t}{\lambda} \sim \frac{L}{\lambda}\left(\frac{V}{c}\right)^2 \tag{5.9}$$

となる．ここにマイケルソン達が用いた値

$$L = 11\text{m}, \quad \lambda = 5.5 \times 10^{-7}\text{m}, \quad V = 10^{-4}\text{c} \tag{5.10}$$

を代入すると，$\Delta\theta \sim 0.2$ ラジアンだけ位相がずれることが期待される．しかし実験結果は，$\Delta\theta < 0.01$ であった．したがって光は地球の運動に影響されず，常に一定の速度で進んでいると認めざるをえなくなったのである．

そもそものマイケルソンの目的は地球のエーテルに対する運動を測定しようとするものであった．エーテルというのは光が伝搬する媒質として仮定されたものであるが，現在では歴史的な意味しか持たない概念であり，エーテルを持ち出さないほうが議論が簡単になるので，ここではそのようにした．

これと基本的に同じ実験は繰り返し行われ，いずれの実験でも位相のずれは観測されていないことを注意しておこう．光速度が光源の運動によらず一定の値をとるという事実は，光速度不変の原理と呼ばれ，特殊相対性理論の基礎である．そして現代物理学の基礎でもある．新たな測定装置が開発されるたびに繰り返して検証されてきた事実であることを忘れてはならない．例えば1978年に行われたヘリウム・ネオンレーザーを用いた実験では，**マイケルソン–モーレーの実験** (Michaelson–Morley experiment) の10万倍の精度で位相のずれは検出されなかった．一番新しい同種の実験では，その精度はマイケルソン–モーレーの200万倍に達している．

また光速度不変の原理は，連星系の軌道の観測からも検証されている．連星系を構成する各々の星からの放射される光が星の速度に依存するとしたら，我々から遠ざかっている星からの光の速度は遅く，近づいている星からの光の速度は速くなる．したがって遠ざかる星からの光は遅れて届き，近づいている星からの光は速く届く．その結果，観測される軌道はニュートン重力の予言する楕円軌道とは違ってくるはずである．このような考察によって連星系の軌道の観測から光速度不変性の検証をすることができる．実際には可視光は星間物質によって吸収，再放出されるので，光速度不変性の検証には不都合である．しかしX線は吸収の効果がきわめて小さいので，この目的に対して近傍のX線パルサーを利用することができる．**X線パルサー** (X-ray pulsar) というのは，中性子星と通常の恒星からなる近接連星系である．中性子星は強い双極磁場を持っており，その磁力線に沿ってガスが高速で磁極に降り積もる．それによって磁極近傍からビーム状のX線が磁極軸に沿って放射される．そのビームが中性子星の自転に伴って見え隠れすることで，地球から見るとX線パルスとして観測されるのである．したがってパルスの周期は中性子星の自転周期となり，きわ

めて安定した時計の役割を果たす．中性子星の軌道運動は，ドップラー効果によってパルス周期に周期的な変動をもたらし，その変動を観測することによって，連星系の軌道運動が正確に決定できるのである．1977 年，Her S-1, Cen X-3, SMC X-1 などの X 線パルサーの観測から，光速度が $c + k\bm{v}$ のように光源の速度 $\bm{v}$ によると仮定すると，k に対して $|k| < 2 \times 10^{-9}$ という結果が得られている．

最後にもうひとつ光速度不変性の検証をあげておこう．それは 1964 年に欧州原子核研究機構 (CERN) で超相対論的（静止質量が無視できるほど運動エネルギーが大きい状態）な光源を使って行われたものである．この実験では陽子シンクロトロンという加速器で 20 GeV の陽子を標的の核子に衝突させ，0.99975 c 以上の速度を持った中性パイ中間子を生成させた．中性パイ中間子はすぐに 2 個の光子に崩壊する．そこでパイ中間子の進行方向と逆方向に放射された光子の速度を測定すると，どちらも $2.9977 \pm 0.0004 \times 10^8$ m/sec という値が得られた．上と同じ光速度と光源の速度の関係を仮定すると，パラメータ k に対して $|k| < 2 \times 10^{-4}$ という制限となる．

以上のように現在まで，光速度の不変性を確実に示すどんな観測，実験も存在せず，この原理を積極的に疑う理由は存在しない．

5.3 ローレンツ変換と速度の合成則

さて ガリレオの速度の合成則が成り立たないということは，慣性系同士の変換がガリレオ変換ではないことを意味する．では光速度不変の原理が成り立つような慣性系同士の座標変換は何であろう．空間座標同士だけの変換では，この原理を満たすことはできそうにない．そこで絶対時間をあきらめて，慣性系ごとに時間座標を与えてみる．そして慣性系 O' の空間座標 x' と慣性系 O の空間座標 x に対して，次のような線形の座標変換を考えてみよう．

$$x' = \gamma x + \delta t \tag{5.11}$$

ここで γ, δ は実数である．ただし，慣性系 O' は慣性系 O に対してその x 軸方向に一定の速度 V で運動しているとし，x 軸に直交する y 軸，z 軸方向の変換は考えない．

慣性系 O' での座標原点の運動が O 系の座標でどう書けるか考えよう. O' 系の原点は速度 V で O 系の正の x 方向に動いているのであるから, O' 系の原点の軌跡は $x = Vt$ と書けるはずである. 一方, O' 系の原点は時間軸は $x' = 0$ とも書けるから,

$$0 = \gamma(x - Vt) \tag{5.12}$$

となるはずである. したがって, $\delta = -V\gamma$ であることが分かる.

$$x' = \gamma(x - Vt) \tag{5.13}$$

次に上の変換の逆変換を考える. 逆変換は, 明らかに逆方向の運動であるから上の変換で V を $-V$ にすればよい.

$$x = \gamma(x' + Vt') \tag{5.14}$$

この式に式 (5.13) を代入して, t' について解くと,

$$t' = \gamma\left(t - \frac{1}{V}\frac{\gamma^2 - 1}{\gamma^2}x\right) \tag{5.15}$$

したがって慣性系 O' の時間座標 t' は慣性系 O の時間座標と空間座標の線形結合になっている.

後は係数 γ を決めればよい. ここまでは, どちらの慣性系で測っても光の速度が同じであることを使っていない. ここでこの事実を使おう. 今, 両方の慣性系の時刻 $t = t' = 0$ で原点 $x = x' = 0$ から正の x 軸方向に出た光を考えよう. この光の運動は慣性系 O では, $x = ct$, 慣性系 O' では $x' = ct'$ である. これを式 (5.13) と式 (5.15) に代入すると,

$$ct' = \gamma(c - V)t \tag{5.16}$$

$$t' = \gamma\left(1 - \frac{c}{V}\frac{\gamma^2 - 1}{\gamma^2}\right)t \tag{5.17}$$

この 2 つの式を比較すれば, $\gamma^2 = 1/(1 - V^2/c^2)$ が得られるが, 両方の慣性系で時間の進む方向を同じにするため正の符号をとって

$$\gamma = \frac{1}{\sqrt{1 - (V/c)^2}} \tag{5.18}$$

となる. この量をガンマ因子 (gamma factor) と呼び, ガンマ因子が大きいほど相対論的効果が大きいので, 相対論的効果の指標として用いられる. こうし

て望みのローレンツ変換 (Lorentz transformation) が得られる．

$$t' = \gamma\left(t - \frac{V}{c^2}x\right), \quad x' = \gamma(x - Vt) \tag{5.19}$$

時間と空間を同じ次元にするために t の変わりに ct という組合せを用いると，この変換は ct と x に対して対称的な形に書かれる．

$$ct' = \gamma\left(ct - \frac{V}{c}x\right), \quad x' = \gamma\left(x - \frac{V}{c}ct\right) \tag{5.20}$$

なお，運動方向に垂直な方向である y, z 方向は変化しない．

$$y' = y, \quad z' = z \tag{5.21}$$

このローレンツ変換を x 方向へのブースト変換 (booster transformation) という．ローレンツ変換はこの x 方向のブースト変換と y 方向，z 方向のブースト変換，そして x, y, z 軸周りの回転の6つの変換が基本的で，一般のローレンツ変換はこれらの組合せで表される．

ガリレオ変換からガリレオの速度の合成則が導かれたように，ローレンツ変換から新たな速度の合成則が導かれる．上で考えた2つの慣性系 O, O' を考える．x 軸と x' 軸は一致しているとする．いま，慣性系 O' で測って x' 方向に速度 v' で運動している粒子を，慣性系 O で測ってみよう．O' 系である粒子が時刻 t' に位置 x' にいたとする．このとき O' 系での速度は，

$$v' = \frac{dx'}{dt'} \tag{5.22}$$

である．これを使えば，同じ粒子の O 系での x 方向の速度が次のように計算される．

$$v = \frac{dx}{dt} = \frac{d(x' + Vt')}{d(t' + Vx'/c^2)} = \frac{v' + V}{1 + v'V/c^2} \tag{5.23}$$

これがガリレオの速度の合成則に代わる特殊相対性理論における速度の合成則である．この式で $v' = c$ とすると，$v = c$ が導かれる．すなわちどの慣性系で見ても光の速度は変わらない．また $v' = c, V = c$ とすると，$v = c$ となり，光を光速度で追いかけても，光は光速度で進んでいることが分かる．

ローレンツ変換で慣性系同士の相対速度 V が光速度 c より十分小さければ，ガリレオ変換に帰着することは容易に確かめられる．

問題： 慣性系 O と O' は本文と同じとする．O' 系で粒子が x'–y' 平面内を速度 v で x' 軸から角度 α 方向に運動している．この粒子を O 系で観測した時の速度を求めよ．

5.3.1 トーマス歳差

ローレンツ変換の応用として，**トーマス歳差** (Thomas precession) と呼ばれる現象を取り上げよう．いますぐ上で考えた O 系と O' 系に加えて，もうひとつ慣性系 O'' を考える．O'' 系の y'' 軸は，O' 系の y' 軸と一致していて y' 軸の正の方向に方向に速度 V' で運動しているとする．これらの慣性系はある時刻で原点が一致していたとする．すると O 系から見た O'' 系の原点の速度は，上で導いた速度の合成則から次のようになる．

$$v_x = V, \quad v_y = V'/\gamma_V \tag{5.24}$$

ここで $\gamma_V = 1/\sqrt{1-V^2}$ である．いま，3つの慣性系の間の2つの相対運動を考えているので，ガンマ因子をこのように書いた．したがって，O' 系から O'' 系へのガンマ因子は $\gamma_{V'}$ と書くことになる．さて今度は O'' 系から見た O 系の原点の運動を考えよう．容易に分かるようにそれは次のように表される．

$$v''_x = -V/\gamma_{V'}, \quad v''_y = -V' \tag{5.25}$$

これらの表式をながめると，不思議なことに気がつく．O 系から見た O'' 系の原点の x 軸からの角度は

$$\tan\theta = \frac{v_y}{v_x} = \frac{V'}{\gamma_V V} \tag{5.26}$$

であるのに対して，O'' 系から O 系の原点を見ると，それが x'' 軸となす角度は

$$\tan\theta'' = \frac{v''_y}{v''_x} = \frac{\gamma_{V'} V'}{V} \tag{5.27}$$

となって，両者は一致しない！ $\gamma \geq 1$ であるから，常に $\theta'' \geq \theta$ となり，O'' 系は O 系に対して回転していることが分かる．O 系は O' 系に対して座標軸が平行で，O'' 系も O' 系に対して座標軸が平行なのに，O'' 系と O 系の座標軸は平行ではないのである．こんなことはガリレオ変換では起こらない．ローレン

ツ変換を 2 回続けて行うと，座標系は最初の座標系に対して回転するのである．

このことを加速度運動に適用しよう．加速度運動とは，時々刻々速度が変わる運動である．今，時刻 t に粒子が速度 $\boldsymbol{V}$ をもち，無限小時間の後の時刻 $t + dt$ で $\boldsymbol{V} + d\boldsymbol{V}$ の速度をもっていたとする．$d\boldsymbol{V}$ は無限小である．この運動は，次のように考えると上の状況にあてはめることができる．時刻 t での瞬間的な慣性系 O と時刻 $t + dt$ での瞬間的な慣性系 O', O'' を考える．O' 系は O 系から速度 $\boldsymbol{V}$ でローレンツ変換された系，O'' 系は O' 系から速度 $d\boldsymbol{V}$ でローレンツ変換された系とするのである．すると上の結果がすぐに適用でき，しかも $d\boldsymbol{V}$ は無限小であるから $\gamma_{d\boldsymbol{V}} \sim 1$ とおいてよく，正味の回転角として次式が得られる．

$$\Delta\boldsymbol{\theta} = \boldsymbol{\theta} - \boldsymbol{\theta}'' = \frac{\gamma_V^2}{\gamma_V + 1} d\boldsymbol{V} \times \boldsymbol{V} \tag{5.28}$$

この式で，O 系で測った速度 $d\boldsymbol{V}'$ を O 系で測った速度 $d\boldsymbol{V}$ に置き換えた．

さて微小時間 dt 後に角度が $\Delta\boldsymbol{\theta}$ だけ変化したわけであるから，O'' 系は

$$\boldsymbol{\Omega} = \frac{d\Delta\boldsymbol{\theta}}{dt} = \frac{\gamma_V^2}{\gamma_V + 1} \boldsymbol{a} \times \boldsymbol{V} \tag{5.29}$$

の角速度で O 系に対して回転していることが分かる．$\boldsymbol{a}$ は加速度である．これがトーマス歳差である．

電子が固有のスピンを持っていることは，ディラック方程式から自動的に導かれるが，歴史的には原子に外部磁場をかけたときエネルギー順位が分岐する（ゼーマン効果）を説明するために古典的な自転として導入された．電荷を持った粒子が自転すると磁気モーメントができて，磁場との相互作用で自転の向きによってエネルギーが異なるからである．自転の大きさ（角運動量の大きさ）はゼーマン効果を説明するように決められた．一方，電子の静止系から見たとき原子核の運動が磁場を作り，電子はそれによって歳差運動をする．ところがこの歳差運動の角速度は，期待される値の 2 分の 1 でしかなかった．

このことは以下のように説明される．まず，軌道速度 $\boldsymbol{V}$ を持った電子が，原子核の電場のまわりをまわると電子の静止系で $\boldsymbol{B} = \gamma_V \boldsymbol{V} \times \boldsymbol{E}$ の磁場を生じる．ここで $\boldsymbol{E}$ は原子核のつくる電場である．この磁場によって電子のスピンは，次式に従って歳差運動をする．

116   5. 特殊相対性理論の基礎

$$\frac{d\mathbf{s}}{dt} = \boldsymbol{\mu} \times \boldsymbol{B} = -\frac{ge}{2m}\gamma_V \mathbf{s} \times (\boldsymbol{V} \times \boldsymbol{E}) \tag{5.30}$$

ここで μ は電子のスピン磁気モーメント, g は g 因子と呼ばれる量であり, ディラック理論では 2 となる. この式は電子の静止系で成り立つ式である. 一方, 観測は電子が運動している系（実験室系）で行われる. 電子の静止系自身が上で計算したように回転しているので, 実験室系での運動方程式は,

$$\left(\frac{d\boldsymbol{s}}{dt}\right)_{\text{lab}} = \frac{d\boldsymbol{s}}{dt} + \boldsymbol{\omega} \times \boldsymbol{s} = \left(\frac{g}{2} - \frac{\gamma_V}{\gamma_V + 1}\right)\frac{e}{m}\gamma_V \mathbf{s} \times (\boldsymbol{E} \times \boldsymbol{V}) \tag{5.31}$$

となる. ここで左辺は, **実験室系** (lab frame) での時間微分という意味である. 実験的に g は非常によい精度で 2 であり, また原子中の電子の速度は光速度に対して十分小さいから $\gamma_V \sim 1$ とおけて, 最終的に

$$\left(\frac{d\boldsymbol{s}}{dt}\right)_{\text{lab}} \sim \frac{e}{2m}\boldsymbol{s} \times (\boldsymbol{E} \times \boldsymbol{V}) \tag{5.32}$$

となる. この式の右辺の分母の 2 がトーマス因子と呼ばれるもので, 原子核の作る磁場による電子の歳差運動の角速度が説明される.

問題： なぜ式 (5.28) はこのようなベクトル積で書けるか考えよ.

5.4　時間の遅れとローレンツ収縮

ローレンツ変換から特殊相対論のすべて予言を導くことができる. ここで, その代表的な予言として運動している時計の進みが遅れるということと, 運動している物体の長さが縮むことを取り上げよう.

いま, 慣性系 O' の原点で静止した時計を考えよう. 慣性系 O' での時間 t' は, 時計が静止している状態での時間である. このような時間を固有時間と呼び, τ で表そう. するとローレンツ変換

$$t = \frac{1}{\sqrt{1 - V^2/c^2}}\left(t' + \frac{Vx'}{c^2}\right) \tag{5.33}$$

から慣性系 O で測る時間は, 慣性系 O' では $t' = \tau, x' = 0$ であるから,

$$t = \frac{\tau}{\sqrt{1 - V^2/c^2}} > \tau \tag{5.34}$$

となる．これは，慣性系 O で運動する時計を測るとゆっくり進むということである．

ここで特殊相対論で「見る」という言葉について注意しておこう．上の例では慣性系 O' では1つの時計 A の時間の進みを考えているが，慣性系 O では時計 A の運動の経路に沿って並べた一群の時計を考えている．慣性系 O の観測者が「見る」というのは，各瞬間でちょうど慣性系 O' の時計 A の位置にあった慣性系 O の時計の読みを一つ一つ記録して，後から，その記録を読むことを意味する．そして同一地点での時計 A の読みと比較して，時計 A の時刻が遅れていると結論するのである．慣性系 O の原点においてある時計 B を慣性系 O' から見ると，時計 B の方が遅れている．このときは1つの時計 B の読みと，慣性系 O' で時計 B の軌跡に沿って並べたたくさんのの時計を比べている．

次に運動している物体が縮んで見えることを示そう．慣性系 O' に静止している長さ L_0 の棒を考える．棒は原点から x' 軸に沿っておかれている．したがって棒の端 A, B の x' 座標は，それぞれ $x'_A = 0, x'_B = L_0$ である．この棒の長さを慣性系 O で測ってみよう．ローレンツ変換

$$x' = \gamma(x - Vt) \tag{5.35}$$

から慣性系 O の同時刻 t での棒の端 A,B の x 座標はそれぞれ

$$0 = \gamma(x_A - Vt_A), \quad L_0 = \gamma(x_B - Vt_B) \tag{5.36}$$

となる．したがって O 系での棒の長さは ($t_A = t_B$ であるから)

$$L \equiv x_B - x_A = \frac{L_0}{\gamma} = \sqrt{1 - \left(\frac{V}{c}\right)^2} L_0 < L_0 \tag{5.37}$$

となって，棒の固有の長さ L_0 よりも短くなる．

離れた2点が同時かどうかは，それを観測する慣性系による．慣性系 O' で同時の2点は，慣性系 O では同時ではない．したがって両方の慣性系で測る棒の長さが違うのである．

6 4次元ミンコフスキー時空

6.1 一般のローレンツ変換と4次元間隔の不変性

今後，空間座標と時間座標の次元を合わせるために，時間座標に光速度をかけたものを用いて $x^0 = ct$ として新たに時間座標を導入する．さらに光速度の値が1となる単位系を用いる．これは例えば光が1秒で進む距離を1光秒というように，距離を光が走る時間で測ることを意味する．またこれに合わせて空間座標を $x = x^1, y = x^2, z = x^3$ と書くと（慣性系 O' の座標についても同様に表す），x 方向のローレンツブーストは，

$$\begin{aligned}
x'^0 &= \gamma\left(x^0 - Vx^1\right) \\
x'^1 &= \gamma\left(x^1 - Vx^0\right) \\
x'^2 &= x^2 \\
x'^3 &= x^3
\end{aligned} \tag{6.1}$$

となって時間 x^0 と空間 x^1 に対して対称な形に書ける．

一般の方向に対するブースト変換を書いておこう．ローレンツ変換を座標の線形変換として次の形に書く．

$$x'^\mu = \Lambda^\mu_{\ \alpha} x^\alpha \tag{6.2}$$

Λ を変換行列という．座標を1行4列の行列として表すと，Λ は4行4列の行列となるからである．ここでギリシャ文字の添え字 α, μ などは，$0, 1, 2, 3$ のいずれかの値をとるものとする．この式の右辺のように同じ文字の添え字が上下ででてきたときには，その添え字について0から3までの和をとるものとする．具体的には

$$\Lambda^\mu_\alpha x^\alpha = \Lambda^\mu_0 x^0 + \Lambda^\mu_1 x^1 + \Lambda^\mu_2 x^2 + \Lambda^\mu_3 x^3 \tag{6.3}$$

これをアインシュタインの規約 (Einstein conyention) という．アインシュタインの規約が適用される場合は，添え字の名前に特別の意味はなく，α であろうと β であろうと構わない．このような添え字を「ダミーの添え字」という．アインシュタインの規約が当てはまらない添え字に対しては，添え字の名前が重要で，左辺と右辺で添え字の名前がそろっていなければならない．

いま，お互いの時刻 0 で慣性系 O' と慣性系 O の原点が一致していたとして，O' が O に対して一定の速度 $\boldsymbol{V} = (V^i)$ で運動しているときのローレンツ変換の変換行列は次のように書ける．

$$\begin{aligned}\Lambda^0_0 &= \gamma \\ \Lambda^0_i &= \Lambda^i_0 = -\gamma V^i \\ \Lambda^i_j &= \delta^i_j - (1-\gamma)\frac{V^i V^j}{V^2}\end{aligned} \tag{6.4}$$

問題： $(V^1, V^2, V^3) = (V, 0, 0)$ のとき一般のローレンツブーストがすでに求めた x 方向のブースト変換になっていることを確かめよ．

ローレンツ変換を眺めて見ると，ある慣性系の時間座標が別の慣性系の時間座標と空間座標で表されていることが分かる．このことから各々の慣性系に特有の時間や空間座標を考えるよりは，時間と空間が一緒になった 4 次元の広がりを考えて，異なる慣性系が測る時間や空間は，この広がり中の座標系のとり方の違いにすぎないのではないかという考えがでてくる．この 4 次元の広がりを時空 (space-time) という．時空の中の一点を事象という．事象を指定するには，時間座標と空間座標を決めればよいが，その座標の値は慣性系ごとに違う．異なった慣性系同士の座標の間の関係は，ローレンツ変換であるが，この変換が時空の中でどのような幾何学的な意味をもっているかを考えてみよう．

いま，ある事象 P を考えて，慣性系 O で時間座標 x^0，空間座標 x^i を持ち，慣性系 O' で時間座標 x'^0，空間座標 x'^i を持っているとしよう．それを次のように書く．

$$P \xrightarrow{O} (x^0, x^i) \equiv (x^\mu), \quad P \xrightarrow{O'} (x'^0, x'^i) \equiv (x'^\mu) \tag{6.5}$$

この矢印で上に O とあるのは，矢印の左の量（今の場合は事象）が O 系で，矢印の右の値をとるという意味である．そこで慣性系 O の粒子の時刻と位置座標から次のような組合せを作ってみよう．

$$S_O^2 = -(x^0)^2 + (x^1)^2 + (x^2)^2 + (x^3)^2 \tag{6.6}$$

次に慣性系 O' でも同じ組合せを作り，それを $S_{O'}^2$ と書く．すると，この組合せはどちらの慣性系でも同じ値をとることが分かる．

$$S_O^2 = S_{O'}^2 \tag{6.7}$$

すなわち個々の座標系で事象の座標の値は違うが，上の組合せを作ると同じ値になってしまう．このことを S^2 はローレンツ変換に対して不変である，または不変量であるという．

問題： 実際に上の組み合わせがローレンツ変換に対して不変であることを，x 方向のローレンツブーストの場合に確かめよ．

この座標の組み合わせを，原点からの4次元間隔の2乗という．したがってローレンツ変換とは，4次元時空の中で4次元間隔を変えないような変換であることが分かる．この事情は空間座標の回転を考えれば，よく理解できる．例えば2次元平面内のある点を原点にして，原点を通って直交する2本の直線を考えて，x 軸，y 軸とすれば，平面内の任意の点は，その x 座標の値と y 座標の値で指定される．それを a, b としよう．次に原点は同じで座標軸を反時計周りに角度 θ 回転させたものを x' 軸，y' 軸とする．この新しい座標系で，同じ点の x' 座標の値は $a\cos\theta + b\sin\theta$ となり，y' 座標の値は $b\cos\theta - a\sin\theta$ となる．同じ点でも用いる座標系によって，座標の値が異なるのである．しかしどちらの座標系でも原点からその点までの長さの2乗を計算してみると，$a^2 + b^2$ と同じ値になる．これは回転では原点からの長さは変わらないから計算するまでもないが，逆に回転を原点からの長さを変えないような変換として定義することもできることを意味している．ローレンツ変換もまさに同様で，時空のなかで4次元間隔を変えないような変換がローレンツ変換なのである．

一般に時空の中に近傍の2点 P, Q を考えて，それらの慣性系 O の値を次のように書く．

6.1 一般のローレンツ変換と4次元間隔の不変性

$$P \xrightarrow{O} (x^0, x^1, x^2, x^3)$$
$$Q \xrightarrow{O} (x^0 + dx^0, x^1 + dx^1, x^2 + dx^2, x^3 + dx^3) \tag{6.8}$$

P, Q が近傍の2点であるということは，座標の差 dx^μ が微小量であるということである．このとき，P と Q の座標の差から次の組み合わせが定義される．

$$ds^2 = -(dx^0)^2 + (dx^1)^2 + (dx^2)^2 + (dx^3)^2 \tag{6.9}$$

これをPQ間の線素という．慣性系 O' でも同様にPQ間の線素を計算することができて，両者の値は一致する．すなわちPQ間の線素はローレンツ変換に対する不変量である．

今後この線素を次のように書く．

$$ds^2 = \eta_{\mu\nu} dx^\mu dx^\nu \tag{6.10}$$

ここで $\eta_{\mu\nu}$ は16成分を持ち，4×4 行列で書くと対角成分が $-1, +1, +1, +1$ で他の成分が0の対角行列である．

$$\eta = \begin{pmatrix} -1 & 0 & 0 & 0 \\ 0 & 1 & 0 & 0 \\ 0 & 0 & 1 & 0 \\ 0 & 0 & 0 & 1 \end{pmatrix} \tag{6.11}$$

線素をこの形で書けば，線素がローレンツ変換に対して不変であるということは

$$\eta_{\mu\nu} x'^\mu x'^\nu = \eta_{\mu\nu} \Lambda^\mu_\alpha \Lambda^\nu_\beta x^\alpha x^\beta = \eta_{\alpha\beta} x^\alpha x^\beta \tag{6.12}$$

と書けるから，添え字の書き換えを行うとローレンツ変換を表す変換行列は次の式を満たさなければならないことが分かる．

$$\eta_{\mu\nu} \Lambda^\mu_\alpha \Lambda^\nu_\beta = \eta_{\alpha\beta} \tag{6.13}$$

この $\eta_{\mu\nu}$ をミンコフスキー計量（メトリック）テンソル (Minkowski metric tensor) という．なぜテンソルと呼ばれるかについては後で説明する．

4次元時空のあらゆる領域で2つの事象の間の線素が，ミンコフスキー計量で表されるものをミンコフスキー時空 (Minkowski space-time) という．

6.2　時空図におけるローレンツ変換の表現

ローレンツ変換の持つ幾何学的な意味は分かったが，ミンコフスキー時空の中で異なる慣性系の座標軸同士の関係を考えてみよう．4 次元時空を 2 次元である紙面上に書くことはできないので，空間方向としては 1 つの方向だけを考えて x 方向と呼ぶ．いま，2 次元のミンコフスキー時空で慣性系 O の時間軸 t と x 軸を直交する 2 つの直線にとる．原点を通って右向き (x 軸の正の方向) に向かう光の経路は光速度 c を 1 にとっているので，原点を通る傾き $+1$ の直線で表される．また原点を通って左向き (x 軸の負の方向) に進む光の経路は，原点を通る傾き -1 の直線となる．時空図上の経路のことを世界線という．x 座標が一定の値に静止している粒子の世界線は，時空図上で x 軸でその値を通り時間軸に平行な直線となる．

さてこの慣性系に対して一定の速度 V で右方向に運動している慣性系 O' を考えよう．ただしどちらの慣性系でも時刻 0 で空間原点は一致しているとする．この慣性系の座標軸を時空図上に書いてみよう．まず時間軸 t' であるが，時間軸とは空間座標が 0，すなわち空間原点の世界線と考えることができる．O 系から見ると，O' 系の空間原点は速度 V で右に運動しているから，時間軸 t' は慣性系 O の座標で表すと $x = Vt$ となる．すなわち原点を通る傾き $1/V$ の直線が時間軸 t' である．ここで原点というときは事象 $t = x = 0$ のことをいい，$x = 0$ を空間原点と呼んでいる．以下同様．

次に x' 軸を考える．x' 軸上ではいたるところ時刻 0 であるから，x' 軸とは原点と同時な事象の集まりと考えることができる．原点と同時の事象を求めるには，次のように考えればよい．まず O 系に対して一定速度 V で x の正の方向に運動している粒子の世界線で，時刻 $t = 0$ に $x = a$ を通過するものを考える (図 6.1 の世界線 γ)．そこで O' 系の空間原点からある時刻 $t' = -b$ に光を x 軸の正方向に出す．この光は世界線 γ 上のある事象で反射して再び O' 系の空間原点に戻ってくる．このとき空間原点に戻ってきた時刻が $t' = b$ であるような世界線 γ 上の事象 C を，原点 $x = t = 0$ と同時という．このように空間的に離れた 2 つの事象の同時性は光によって定義される．原点 $t = x = 0$ と事象 C を結ぶ直線が慣性系 O' での x' 座標であり，傾きが V となっているこ

6.2 時空図におけるローレンツ変換の表現

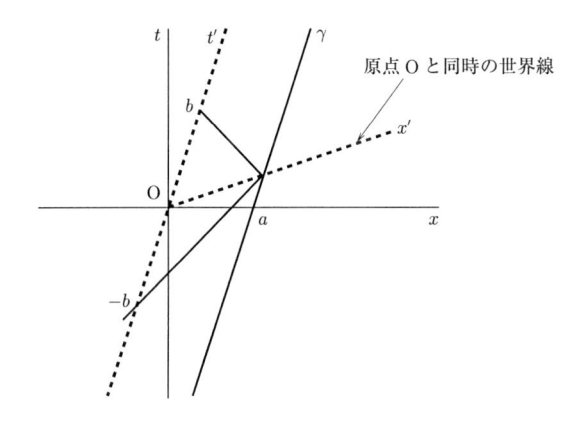

図 6.1 光を使った同時の定義
慣性系 O' における原点 O と同時刻の世界像のつくり方

とが分かる．

慣性系 O' で測っても原点を通る光の世界線は，傾き ± 1 の直線であることは図から容易に分かる．このことは，光速度不変性の時空図上での表現である．時刻 $t = t' = 0$ で原点を通る光の世界線は図 6.2 のように時空を 3 つの領域に分ける．実際には空間は 3 次元なので，時刻 0 で原点を通る光というのは，一般に広がりを持っている．この場合は無限の過去から球面の波面がだんだん収縮してきて時刻 0 に原点で一点になり，そしてまた球面の波面として広がっていく状況を想像してほしい．この波面の連続を光円錐 (light cone) という．原

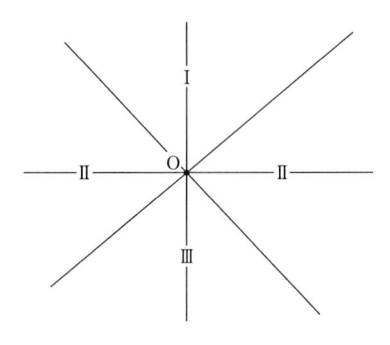

図 6.2 ミンコフスキー時空図の原点 O に対する因果関係

点から未来方向に広がっていく光円錐を未来光円錐といい，原点に収縮してくるものを過去光円錐という．時空の中に1つの事象をとると，その事象に対して未来光円錐と過去光円錐が決まる．どんな運動も光速度を超えることはできないので，未来光円錐の内側の領域 I（未来光円錐上も含める）は，その事象が未来に対して影響を与えうる時空の領域となる．また過去光円錐も含めたその内側の領域 III は，過去からその事象に対して影響を与えることができる時空の領域である．光円錐の外側の領域 II は今考えている事象に対して何ら影響を与えることも影響を受けることもない領域，すなわち原点と因果関係を持たない領域である．

6.3 不変双曲線と座標軸の目盛り付け

異なる慣性系の座標軸が時空図でどのような関係にあるかが分かったが，それだけでは2つの慣性系の間の時間の比較や長さの比較ができない．そのためには異なる慣性系の座標軸の目盛り付けが必要である．ここでその問題を考えよう．

時空図上における慣性系 O の時間軸と空間軸を例えば1秒単位，1光秒単位のように適当に目盛り付けをとったとき，それに対応する慣性系 O' の時間軸 t'，x' 軸の単位はどのように決めることができるのだろうか．そのために4次元間隔の不変性を考慮して，次の関係を考えてみよう．

$$-t^2 + x^2 = -(t')^2 + (x')^2 = -1 \tag{6.14}$$

この式は，原点の未来光円錐の内側と過去光円錐の内側にそれぞれ1つの双曲線を与える．この双曲線は慣性系 O で $x = 0$ としてみれば，$t = \pm 1$ を与え，同様に慣性系 O' で $x' = 0$ としてみれば，$t' = \pm 1$ を与えるから，どちらの座標系でも単位時間を通る双曲線である．したがって両方の座標系で同じ時間 a を対応させるには，上の式で左辺を -1 ではなく，$-a^2$ としたこの双曲線を使えばよいことが分かる．

空間軸の対応も同様に考えることができる．それには次のような関係を考えればよい．次のような双曲線の方程式

$$-t^2 + x^2 = -(t')^2 + (x')^2 = b^2 \tag{6.15}$$

6.3 不変双曲線と座標軸の目盛り付け

を考えよう．これは光円錐の外側で x 軸の正と負の領域で，それぞれ $x = b$, $x = -b$ を通る双曲線である．この双曲線と x 軸，x' 軸との交点がそれぞれの慣性系で原点から同じ長さ b に対応する．

以上でミンコフスキー時空図を用いて運動する時計の遅れや，運動する物体のローレンツ収縮を導く準備ができた．そこでローレンツ収縮をミンコフスキー時空図を用いて説明しよう．まず慣性系 O' で静止している長さ ℓ の棒を考える．棒は x' 軸上に置かれ，両端の座標を $x' = 0, x' = \ell$ とする．この棒の長さを O 系で測定することを考える．この状況を書いたのが図 6.3 である．図では x' 軸上の $x' = \ell$ の点を B′，この事象と同じ空間座標の値を持った x 軸上の事象を A と書いてある（すなわち OA の長さが x 座標で ℓ である）．事象 A と B′ は同じ**不変双曲線上** (invariant hyperbola) にある．この棒の端の世界線は t' 軸に平行であり，その $t = 0$ (O 系での原点との同時刻) との交点を B と書いてある．図から明らかに OB < OA であるから，慣性系 O で測ると棒の長さは短くなっている．

逆に慣性系 O で静止している棒の長さを慣性系 O' で測ってみよう．この状況が図 6.4 である．慣性系 O での棒の両端は原点 O と x 軸上の事象 A である．図のように A と同じ座標の値をもった x' 軸上の事象は不変双曲線で結ばれた事象 B′ である．棒の端 A の世界線と x' 軸との交点を A′ とすれば，慣性

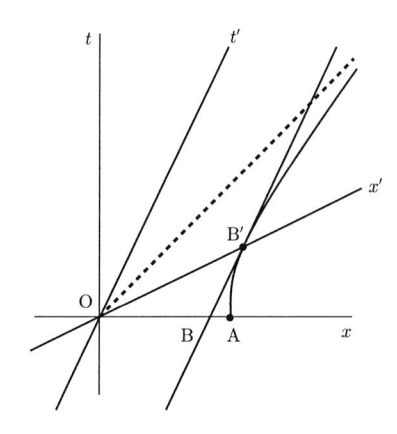

図 6.3 慣性系 O' で静止している固有長さ ℓ の棒 OB′
慣性系 O が測った棒の長さは OB．

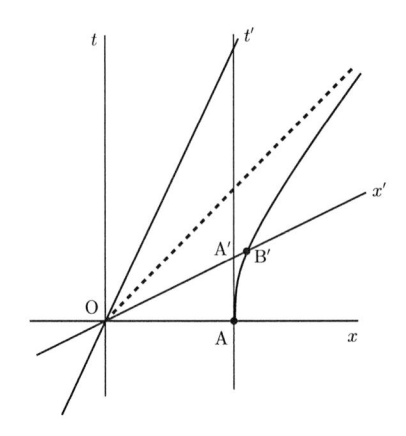

図 6.4 慣性系 O で静止している固有長さ ℓ の棒
慣性系 O' が測る棒の長さは OA$'$.

系 O' の測る棒の長さは，OA$'$ となるが，図から明らかにこれは OB$'$ より短い．したがってこうしてどちらの慣性系で測っても動いている棒の長さは，その固有の長さよりも短くなるのである．ローレンツ収縮というのは決して動いている棒が物理的に短くなるのではなく，異なる慣性系で同時刻の概念が異なるために起こる現象である．

問題： ローレンツ収縮と同様に，運動する時計の遅れをミンコフスキー時空図を用いて説明せよ．

6.4 双子のパラドックス

特殊相対性理論の時間，空間の概念は，それ以前とはまったく異なり，日常経験に基づく常識とは矛盾する予言をする．このことから一見，特殊相対論が間違っていることを示すパラドックスがいくつも持ち出される．しかし上で述べたような異なる慣性系での同時刻の概念の違いをきちんと理解していれば，パラドックスと呼ばれることが何の矛盾もなく，特殊相対論が間違っていないことが分かる．ここでは多くのパラドックスをいちいちとりあげることはせず，代表的な双子のパラドックス (twin paradox) だけを詳しく解説しよう．

双子のパラドックスというのは，双子の兄弟がいて，例えば兄が宇宙船に乗っ

6.4 双子のパラドックス

て宇宙旅行をして地球に戻ってくることを考える．弟の立場では兄が運動しているので，兄の時計は遅れ，したがって兄が地球に戻ってきたときには自分の方が兄より歳をとっている．一方，兄の立場で見ると運動は相対的なものなので，弟が運動していると考えるだろう．すると弟の時計の方がゆっくり進むため，地球に戻ってみると，自分の方が弟より歳をとっていると結論するだろう．両方の結論が同時に正しいはずはないので，そんなことを予言する特殊相対論は間違いであるというのが，双子のパラドックスの主張である．もちろんこれはパラドックスでも何でもない．実際に兄が戻ってきたとき，弟の方が歳をとっているのである．

状況を理想化して兄は一定の速さでまっすぐに目的地を目指して，到着したら一瞬のうちに方向転換して行きと同じ速さでまっすぐ地球に戻ったとしよう．この状況を弟の立場で書いた時空図が図 5.6 である．まずこの時空図で，兄が出発してから目的地に着くまでを考える．このとき兄が目的地に到着した事象 A と同時の世界線は，事象 A′ と事象 A を通る直線である．一方，目的地を出発して再び地球に戻るまでを考えると，目的地を出発した事象 A と同時の世界

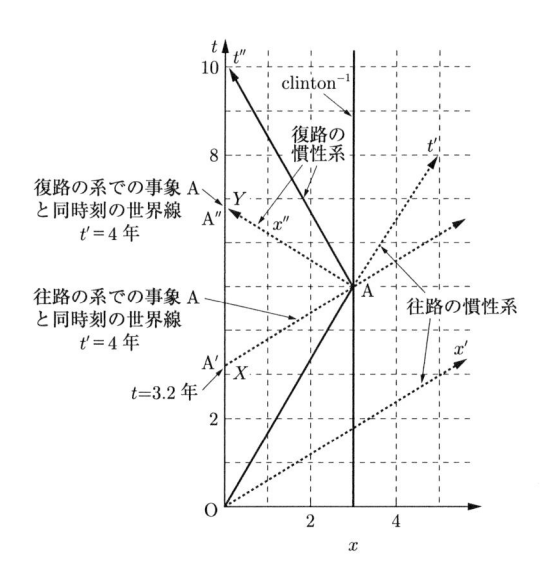

図 6.5 双子のパラドックス

線は事象 A'' と事象 A を通る直線である．したがって兄の時計では，自分が目的地に着いてから出発するまでの瞬間に弟は $A'A''$ だけ余分に年をとっているのである．こんなことが起こるのは兄の慣性系が目的地に到着するまでと到着した後で違っているからである．それに対して弟の方は常に同じ慣性系である．実際には地球は太陽系のまわりを公転し，太陽は銀河中心のまわりを公転していて厳密には慣性系ではないが，ここでは兄の運動の速度が，これらの公転運動の速度に比べて十分速い状況を考える．そのため地球は近似的に慣性系とみなせるのである．

兄の一瞬が弟の有限の時間に対応するというのは，納得しがたいかもしれない．実際に起こっていることは兄は目的地に着く直前に減速し，目的地で速度がゼロになり，すぐに加速して地球に戻る．したがって兄は目的地の付近で加速度運動をしている．この加速度運動はみかけの重力とみなすことができる．後で述べるが等価原理から，重力場中では時計がゆっくり進むことを示すことができる．したがって弟の立場から見ると兄の時計の方がゆっくりと進み，兄が戻ってきたとき弟の方が年をとっているのである．

問題： 弟と兄の間で光の信号をやり取りすることを考えて，双子のパラドックスを考察せよ．

7 特殊相対論のベクトルとテンソル

7.1 ベクトルとスカラー積

　これまで特殊相対論という言葉を使ってきたが，光速度不変の原理から導かれることだけに話を限ってきた．特殊相対論というのは，それだけにとどまらず，重力を除いた物理学全体に及ぶ理論である．それはこの理論が光速度不変の原理以外にもうひとつ特殊相対性原理という原理を満たしているからである．特殊相対性原理とは，「あらゆる慣性系で物理法則は同じ形をとらなければならない」という要請である．物理法則とはいろいろな物理量の間の関係を決めるものであり，したがってこの要請を実現するためには物理量の表現が異なる慣性系の間でどのような関係にあるかを知らなければならない．具体的には異なる慣性系を結びつけるローレンツ変換に対して物理量がどのように変化するかを知る必要がある．物理法則は物理量に対する微分方程式の形に書かれるが，その形は右辺と左辺がローレンツ変換に対して同じように変換するように書かれていなければならないのである．

　このように物理法則を表すためには，ローレンツ変換に対して特定の変換則を持った量で物理法則を表すのが便利である．なぜなら物理法則の右辺と左辺で同じ変換則を持っていれば，ローレンツ変換して異なる慣性系でその法則を表しても同じ形となり特殊相対性原理を満たすことは明らかだからである．ローレンツ変換に対して特定の変換則を持つ量が，(特殊相対論の) ベクトルとテンソルと呼ばれるものである (スピノルと呼ばれる2成分量もあるが，ここでは触れない)．

　ベクトルを導入するために時空図上にある世界線を考える．この世界線はあるパラメータ λ でパラメータ化されているとする．すなわち λ の値に対して世

界線上の各事象が連続的に指定されているとする．この世界線上の近傍の 2 事象 P, Q を考えて対応するパラメータの値をそれぞれ $\lambda, \lambda + d\lambda$ とする．ただし $d\lambda$ は無限小である．この 2 つの事象は慣性系 O で次の座標を持つとする．

$$P \xrightarrow{O} (x^0, x^i) = (x^\mu)$$
$$Q \xrightarrow{O} (x^0 + dx^0, x^i + dx^i) = (x^\mu + dx^\mu) \qquad (7.1)$$

ここで添え字 i は $1, 2, 3$ の値をとるとして，空間座標をまとめて (x^i) と書いた．座標の差 (x^μ) は 2 事象間のパラメータの値の差 $d\lambda$ に対応し無限小である．すると慣性系 O で次の 4 成分を持つ量が定義できる．

$$V^\mu \equiv \left(\frac{dx^\mu}{d\lambda} \right) \qquad (7.2)$$

$d\lambda$ も dx^μ も無限小なので，上の式は微分と考えてよい．この成分の作り方から分かるように，この量をいま考えている世界線上の事象 P での接線ベクトル，または単にベクトルという．接線ベクトル自身は世界線だけで決まり，どの座標系を選ぼうが何の影響も受けない幾何学的量である．この接線ベクトルを $\vec{V}_P$ と書き，慣性系での成分を次のように書く．

$$\vec{V}_P \xrightarrow{O} \left(\frac{dx^\mu}{d\lambda} \right) \qquad (7.3)$$

以下，添え字 P を省略する．この接線ベクトル $\vec{V}$ を違う座標系 O' で測定してみよう．上と同じ世界線上の 2 事象の慣性系 O' での座標を次のようにする．

$$P \xrightarrow{O'} (x'^\mu)$$
$$Q \xrightarrow{O'} (x'^\mu + dx'^\mu) \qquad (7.4)$$

すると，この座標系で次の 4 成分を持った量

$$V'^\mu \equiv \left(\frac{dx'^\mu}{d\lambda} \right) \qquad (7.5)$$

が定義できるが，明らかにこれも世界線上の事象 P での接線ベクトルの成分である．したがって同じ接線ベクトルに対して異なる座標系で異なる成分が得られたことになる．

$$\vec{V} \xrightarrow{O'} \left(\frac{dx'^\mu}{d\lambda} \right) \qquad (7.6)$$

次に異なる慣性系での成分同士の関係であるが，これは慣性系間のローレンツ変換からすぐ求めることができる．今，慣性系 O から慣性系 O' へのローレンツ変換を次のように書く．

$$x'^{\mu} = \Lambda^{\mu}_{\nu} x^{\nu} \tag{7.7}$$

すると，これは事象 P の座標に対しても事象 Q の座標に対しても同様に成り立つから，その間の座標の差についても同じ関係が成り立つ．したがって

$$dx'^{\mu} = \Lambda^{\mu}_{\nu} dx^{\nu} \tag{7.8}$$

となるが，パラメータ λ の値は慣性系のとり方によらないとすれば，定義から次のような異なる慣性系の成分間の変換則が得られる．

$$V'^{\mu} = \Lambda^{\mu}_{\nu} V^{\nu} \tag{7.9}$$

逆に異なる慣性系での成分がこのように変換する 4 成分量をベクトルとして定義することもできる．

　時空の各点で連続的にベクトルを与えたものをベクトル場という．したがってベクトル場は時空点の関数である．例えば 2 つのベクトル場 $\vec{A}, \vec{B}$ で表される次のような物理法則があったとしてみよう．

$$\vec{A}(x) = \vec{B}(x) \tag{7.10}$$

各々のベクトルは慣性系 O でそれぞれ成分 A^{μ}, B^{μ} を持っていたとすれば，この法則の慣性系 O での表現は

$$A^{\mu}(x) = B^{\mu}(x) \tag{7.11}$$

となる．一方，これらのベクトルの慣性系 O' での成分を各々 A'^{μ}, B'^{μ} とすれば，この法則が慣性系 O' で

$$A'^{\mu}(x') = B'^{\mu}(x') \tag{7.12}$$

という形をとること明らかだろう．こうして方程式の両辺が同じ変換性を持った量（今の場合はベクトル）で書かれていれば，この法則はどんな慣性系でも同じ形となり，特殊相対性原理を満たすことが分かる．

　ここでスカラーを定義しておこう．スカラーとは，どの慣性系でも同じ値をとる 1 成分の量のことである．ローレンツ変換に対するスカラーともいう．例

えば，上の例では世界線のパラメータがそうである．また時空の2事象間の線素もスカラーである．このことをもう少し詳しく見てみよう．

$$ds^2 \equiv -(dx^0)^2 + (dx^1)^2 + (dx^2)^2 + (dx^3)^2$$
$$= -(dx'^0)^2 + (dx'^1)^2 + (dx'^2)^2 + (dx'^3)^2 \quad (7.13)$$

ということだったが，この2事象を上で考えた世界線上の2事象 P, Q だと思うと次の関係が導かれる．

$$-(V^0)^2 + (V^1)^2 + (V^2)^2 + (V^3)^2 = -(V'^0)^2 + (V'^1)^2 + (V'^2)^2 + (V'^3)^2 \quad (7.14)$$

すなわちベクトルの成分から上の組合せを作れば，それが慣性系のとり方によらない値になることがわかる．これをベクトルの大きさの2乗という．すなわち，任意のベクトル $\vec{A}$ の大きさの2乗は次のように定義され，ローレンツ変換に対するスカラーとなる．

$$A^2 \equiv -(A^0)^2 + (A^1)^2 + (A^2)^2 + (A^3)^2 = \eta_{\mu\nu} A^\mu A^\nu \quad (7.15)$$

このことから任意のベクトルは次の3種類に分類できることが分かる．

$$\begin{aligned}
& A^2 < 0 \quad \text{時間的 (timelike)} \\
& A^2 = 0 \quad \text{ヌル (null)} \\
& A^2 > 0 \quad \text{空間的 (spacelike)}
\end{aligned} \quad (7.16)$$

この性質はどんな慣性系でも変わらない．すなわちある慣性系で時間的（ヌル，空間的) であれば，どの慣性系でも時間的（ヌル，空間的）であり，時間的ベクトルが別の慣性系でヌルベクトルや空間的ベクトルになることは決してない．光速度よりも遅い運動を表す世界線の接線ベクトルは時間的であり，光速度で運動する世界線の接線ベクトルがヌル，光速度よりも速い運動を表す世界線の接線ベクトルは空間的である．したがって空間的ベクトルで結ばれる2つの事象の間には，どんな情報も伝わることができず，因果関係は存在しない．

またベクトルの大きさだけではなく，2つのベクトルに対して次の組合せもスカラーになることが導かれる．

$$\vec{A} \cdot \vec{B} \equiv \eta_{\mu\nu} A^\mu B^\nu = -A^0 B^0 + A^1 B^1 + A^2 B^2 + A^3 B^3 \quad (7.17)$$

実際，これは次のように証明される．
$$\eta_{\mu\nu}A'^{\mu}B'^{\nu} = \eta_{\mu\nu}\Lambda^{\mu}{}_{\alpha}\Lambda^{\nu}{}_{\beta}A^{\alpha}B^{\beta} = \eta_{\alpha\beta}A^{\alpha}A^{\beta} \qquad (7.18)$$
ここでローレンツ変換の変換行列が満たす式 (2.13) を用いた．これをベクトル $\vec{A}$ とベクトル $\vec{B}$ のスカラー積という．

もうひとつ重要なスカラーをあげておこう．いま時間的な世界線を 1 つ考える．時間的な世界線というのは，その上の任意の事象での接線ベクトルが時間的ベクトルであることを意味する．この世界線上の無限小近傍の 2 点間の固有時間 (proper time) $d\tau$ を次のように定義する．
$$d\tau \equiv \sqrt{-ds^2} = \sqrt{(dx^0)^2 - (dx^1)^2 - (dx^2)^2 - (dx^3)^2} \qquad (7.19)$$
この量がスカラーであることは線素がスカラーであることから明らかである．この固有時間の物理的意味は，次のように考えればよく分かる．いま，瞬間的にこの世界線の空間座標が変化しないような慣性系を考える．要するにこの慣性系で見れば，この世界線で表される運動は一瞬止まって見えるということである．このような慣性系を共動慣性系という．共動慣性系では $dx^i = 0\,(i = 1, 2, 3)$ であるから $d\tau = dx^0 = dt$ となって，固有時間とはこの運動が静止して見える慣性系（共動慣性系）での時間座標にほかならない．さてこの固有時間を世界線のパラメータとして使うことができる．そのときの接線ベクトルを，この世界線の **4 元速度** (four velocity) といい，$\vec{U}$ で表そう．
$$\vec{U} \equiv \frac{d\vec{x}}{d\tau} \qquad (7.20)$$
ここで $d\vec{x} \xrightarrow{O} (dx^0, dx^i)$ である．4 元速度の一般の慣性系 O での成分を具体的に書いてみよう．この慣性系での 3 次元速度を $V^i = dx^i/dt$，その 2 乗を $V^2 = (V^1)^2 + (V^2)^2 + (V^3)^2$ と書くと
$$d\tau = dx^0\sqrt{1 - V^2} \qquad (7.21)$$
となるから，
$$U^{\mu} = \frac{1}{\sqrt{1 - V^2}}(1, V^i) \qquad (7.22)$$
となることが分かる．また 4 元速度と固有時間の定義から
$$U^2 = \eta_{\mu\nu}U^{\mu}U^{\nu} = -1 \qquad (7.23)$$

がただちに導かれる．

7.2 1 形式

次に **1 形式** (1-form)，あるいは共変ベクトルと呼ばれる量を定義しよう．これに対して前節で定義したベクトルは反変ベクトルという．

反変ベクトルとは，共変ベクトルと反対の変換をする量である．この意味は慣性系 O から慣性系 O' へのローレンツ変換を

$$x'^{\mu} = \Lambda^{\mu}{}_{\nu} x^{\nu} \tag{7.24}$$

と書いたとき，この逆変換行列を考え，その成分を $(\Lambda^{-1})^{\mu}{}_{\nu} \equiv \Lambda_{\nu}{}^{\mu}$ と書く．

$$\Lambda^{\mu}{}_{\alpha} \Lambda_{\mu}{}^{\beta} = \delta^{\beta}_{\alpha} \tag{7.25}$$

ここで δ^{β}_{α} は $\beta = \alpha$ のときだけ 1 になりほかの成分は 0 となるクロネッカーのデルタである．このときこの逆行列で変換される 4 成分の量を考えることができる．その変換則を次のように書く．

$$B'_{\mu} = \Lambda_{\mu}{}^{\nu} B_{\nu} \tag{7.26}$$

成分がこのような変換をする 4 成分量を 1 形式，あるいは共変ベクトルという．共変ベクトルとその成分を次のように書く．

$$\tilde{B} \xrightarrow{O} (B_{\mu}) \tag{7.27}$$

この定義から共変ベクトルと反変ベクトルの次のような組み合わせを作れば，スカラー量ができあがることが分かる．

$$A^{\mu} B_{\mu} \equiv A^0 B_0 + A^1 B_1 + A^2 B_2 + A^3 B_3 \tag{7.28}$$

これを $\vec{A}$ と $\tilde{B}$ の内積という．実際，

$$A'^{\mu} B'_{\mu} = \Lambda^{\mu}{}_{\alpha} \Lambda_{\mu}{}^{\beta} A^{\alpha} B_{\beta} = \delta^{\beta}_{\alpha} A^{\alpha} B_{\beta} = A^{\alpha} B_{\alpha} \tag{7.29}$$

となるからである．共変ベクトルと反変ベクトルの添え字をそろえて，その添え字について 0 から 3 まで足し上げることを縮約という．実は上の性質をもって 1 形式の定義とすることもできる．すなわち 1 形式とはベクトルに作用して

スカラーを作る線形の作用であるとするのである．このことを表すために次のような記法もよく用いられる．

$$\tilde{B}(\vec{A}) = B_\mu A^\mu \tag{7.30}$$

線形とは α, β を実数としたとき，次の関係を満たすことをいう．

$$\tilde{B}(\alpha \vec{A} + \beta \vec{C}) = \alpha \tilde{B}(\vec{A}) + \beta \tilde{B}(\vec{C}) \tag{7.31}$$

共変ベクトルの例をあげよう．いま時空上にあるスカラー関数 $f(x)$ を考える．そしてその偏微分を成分とする量を考えてみよう．

$$\left(\frac{\partial f}{\partial x^\mu} \right) \tag{7.32}$$

この量が共変ベクトルの成分であることは，

$$\frac{\partial f}{\partial x'^\mu} = \frac{\partial x^\nu}{\partial x'^\mu} \frac{\partial f}{\partial x^\nu} = \Lambda_\mu{}^\nu \frac{\partial f}{\partial x^\nu} \tag{7.33}$$

となることから分かる．この量を関数 f の**勾配 1 形式** (gradient 1-form) といい $\tilde{d}f$ で表す．

$$\tilde{d}f \xrightarrow{O} \left(\frac{\partial f}{\partial x^\mu} \right) \tag{7.34}$$

この 1 形式とベクトル $\vec{A}$ の内積を作ってみる．

$$\tilde{d}f(\vec{A}) = \tilde{d}f_\mu A^\mu = \left(\frac{\partial f}{\partial x^\mu} \right) A^\mu \tag{7.35}$$

これは関数 f の値の $\vec{A}$ 方向の変化量である．例えばベクトル $\vec{A}$ を $f(x) = $ 一定で決まる 3 次元超曲面上の点 P での接ベクトルとすると，その方向に沿って f の値の変化はないから，この内積は 0 となる．すなわち関数 f の勾配 1 形式 $\tilde{d}f$ とは，$f = $ 一定面に対して垂直方向を与えることが分かる．例えば $f = x^1$ としてみると，

$$\tilde{x}^1(\vec{A}) = \frac{\partial x^1}{\partial x^\mu} A^\mu = A^1 \tag{7.36}$$

となって，実際にベクトル $\vec{A}$ の x^1 方向の成分を取り出すことが分かる．

計量テンソルが与えられると反変ベクトルと共変ベクトルに一対一の対応がつく．たとえば反変ベクトル $\vec{A}$ に対応する共変ベクトル $\vec{\tilde{A}}$ の成分は次のよう

に定義される.
$$\eta_{\mu\nu}A^{\mu} \tag{7.37}$$
そしてそれを A_ν と書く.
$$A_\nu = \eta_{\mu\nu}A^{\mu} \tag{7.38}$$
実際, これが共変ベクトルであることは
$$A'_\mu = \eta_{\mu\nu}A'^{\nu} = \eta_{\mu\nu}\Lambda^{\nu}{}_{\beta}A^{\beta} \tag{7.39}$$
となるが, 計量テンソルの満たす式
$$\eta_{\mu\nu}\Lambda^{\mu}{}_{\alpha}\Lambda^{\nu}{}_{\beta} = \eta_{\alpha\beta} \tag{7.40}$$
から
$$\eta_{\mu\nu}\Lambda^{\nu}{}_{\beta} = \eta_{\beta\gamma}\Lambda_{\mu}{}^{\gamma} \tag{7.41}$$
が導かれる. したがって
$$A'_\mu = \Lambda_{\gamma}{}^{\nu}A_\gamma \tag{7.42}$$
となって, 確かに上で定義した $\tilde{A}$ が共変ベクトルであることが分かる.

逆に共変ベクトル $\vec{B}$ に対応する反変ベクトル $\vec{B}$ の成分は次のように与えられる.
$$B^{\nu} = \eta^{\mu\nu}B_\mu \tag{7.43}$$
ここで $\eta^{\mu\nu}$ は $\eta_{\mu\nu}$ の逆行列の要素である.
$$\eta^{\alpha\mu}\eta_{\mu\beta} = \delta^{\alpha}_{\beta} \tag{7.44}$$
このように計量テンソルを用いると添え字の上げ下げができる. この対応によって共変ベクトルと反変ベクトルの内積は, 反変ベクトルのスカラー積となる.

$$\vec{A}\cdot\vec{B} = \eta_{\mu\nu}A^{\mu}B^{\nu} = A_\mu B^{\mu} \tag{7.45}$$

7.3 テンソル

反変ベクトルや 1 形式 (共変ベクトル) はテンソルの一例で, それぞれ (1,0) テンソル, (0,1) テンソルと呼ばれる. スカラーは (0,0) テンソルである. 一

般に (n,m) テンソル M とは，慣性系 O で 4^{n+m} 成分

$$M \to (M^{\alpha_1 \ldots \alpha_n}_{\beta_1 \ldots \beta_m}) \tag{7.46}$$

を持ち，ローレンツ変換 Λ で別の慣性系 O' に移ったとき，その成分 $(M'^{\mu_1 \ldots \mu_n}_{\nu_1 \ldots \nu_m})$ が次のように変換する量として定義される．

$$M'^{\mu_1 \ldots \mu_n}_{\nu_1 \ldots \nu_m} = \Lambda^{\mu_1}_{\alpha_1} \ldots \Lambda^{\mu_n}_{\alpha_n} \Lambda^{\beta_1}_{\nu_1} \ldots \Lambda^{\beta_m}_{\nu_m} M^{\alpha_1 \ldots \alpha_n}_{\beta_1 \ldots \beta_m} \tag{7.47}$$

このように定義すると，例えば $(0,2)$ テンソル M は次のように 2 つのベクトルからスカラーを作ることが分かる．

$$M_{\mu\nu} A^\mu B^\nu \tag{7.48}$$

すると，1 形式の場合と同じように，$(0,2)$ テンソルとは，2 つのベクトルからスカラーを作る線形の作用であると定義することもできる．これを表すために次のような記法も用いられる．

$$M(\vec{A}, \vec{B}) = M_{\mu\nu} A^\mu B^\nu \tag{7.49}$$

同様に $(1,1)$ テンソルとは，ベクトルと 1 形式からスカラーを作る線形の作用，$(2,0)$ テンソルとは 2 つの 1 形式からスカラーを作る線形作用として定義することができる．$(2,0)$ テンソルを 2 階の反変テンソル，$(0,2)$ テンソルを 2 階の共変テンソル，$(1,1)$ テンソルを 2 階の混合テンソルということもある．より階数の多いテンソルについても同様である．

任意の $(0,2)$ テンソルは次のように対称テンソルと反対称テンソルに分解することができる．

$$M_{\mu\nu} = \frac{1}{2}(M_{\mu\nu} + M_{\nu\mu}) + \frac{1}{2}(M_{\mu\nu} - M_{\nu\mu}) \tag{7.50}$$

対称部分を M^{S}，反対称部分を M^{A} と書く．

$$M^{\mathrm{S}}_{\mu\nu} \equiv M_{(\mu,\nu)} \equiv \frac{1}{2}(M_{\mu\nu} + M_{\nu\mu}), \quad M^{\mathrm{A}}_{\mu\nu} \equiv M_{[\mu,\nu]} \equiv \frac{1}{2}(M_{\mu\nu} - M_{\nu\mu}) \tag{7.51}$$

対称部分はさらに次のように対角和がゼロの部分とそれ以外に分解することができる．

$$M^{\rm S}_{\mu\nu} = \left[\frac{1}{2}(M_{\mu\nu} + M_{\nu\mu}) - \eta_{\mu\nu}\frac{1}{4}M^{\alpha}_{\alpha}\right] + \frac{1}{4}\eta_{\mu\nu}M^{\alpha}_{\alpha} \qquad (7.52)$$

これらの分解はローレンツ変換しても変わらない．すなわち例えば反対称部分は反対称部分に変換される．

計量テンソルは $(0,2)$ テンソルの例であるが，どの慣性系でも成分が同じ値を持つという特別な性質がある．

$$\eta_{\alpha\beta} = \Lambda^{\mu}_{\alpha}\Lambda^{\nu}_{\beta}\eta_{\mu\nu} \qquad (7.53)$$

計量テンソル以外にどの慣性系でも同じ値の成分を持つテンソルとして完全反対称テンソル（レビ–チビタ・テンソル，Levi Civita tensor）がある．これはどの2つの添え字を入れ換えても符号が変わる $4! = 24$ 個の成分を持った $(4,0)$ テンソル $\epsilon^{\mu\nu\alpha\beta}$ のことで，

$$\epsilon^{0123} = 1 \qquad (7.54)$$

として定義する．すると $(4,0)$ テンソルの変換則と行列式の定義から

$$\epsilon'^{0123} = \Lambda^{0}_{\mu}\Lambda^{1}_{\nu}\Lambda^{2}_{\alpha}\Lambda^{3}_{\beta}\epsilon^{\mu\nu\alpha\beta} = \det\Lambda \qquad (7.55)$$

が得られるが，ローレンツ変換として $\det\Lambda = 1$ のものだけを考えると（正規ローレンツ変換），完全反対称テンソルはあらゆる慣性系で同じ値をとることが分かる．

ベクトルのところで説明したのと同様に，物理法則がテンソル方程式なら特殊相対性原理を満たすことが分かる．

8 相対論的力学

8.1 4元運動量

前章で説明したように，あらゆる（古典）物理法則はテンソル方程式で表されなければならない．ニュートンの運動方程式の両辺はどちらも4次元のベクトルではないので，特殊相対性原理を満たしていない．運動の速度が光速度に比べて十分小さいときにニュートンの運動方程式に帰着するように，運動の法則をベクトル方程式で表すことを考えてみよう．

ニュートン力学では，質点の運動を時刻 t（絶対時間）ごとの位置座標の値 $x^i(t)$ で表し，速度を

$$v^i(t) = \frac{dx^i(t)}{dt} \tag{8.1}$$

運動量を m を質点の質量として

$$p^i(t) = mv^i(t) \tag{8.2}$$

と定義する．まず特殊相対論においてこれらに対応する物理量を考えよう．

特殊相対論では空間と時間を同等に扱うので，粒子の運動を指定するのに粒子の位置だけでなく時間座標もあるパラメータで指定する．そのパラメータとして固有時間をとろう．

$$x^\mu = x^\mu(\tau) \tag{8.3}$$

そのとき4元速度は次のように定義される．

$$u^\mu(\tau) = \frac{dx^\mu}{d\tau} \tag{8.4}$$

この4元速度は $d\tau$ がスカラーであるので4次元のベクトルである．しかも3

次元速度が光速度に比べて十分小さければ 4 元速度の空間成分は 3 次元速度に帰着する．したがってニュートンの運動方程式に代わる式として次の形が考えられる．

$$m\frac{du^\mu(\tau)}{d\tau} = f^\mu \qquad (8.5)$$

ただし質量 m はスカラー，f^μ を 4 次元のベクトルで空間成分が 3 次元の力に対応するものとする．

この式がニュートンの運動方程式の自然な拡張になっていることを見るために，まず左辺を考えてみよう．mu^μ の時間成分は，

$$mu^0 = m\frac{dx^0}{d\tau} = m\frac{1}{\sqrt{1-V^2}} = m + \frac{1}{2}mV^2 + O(V^4) \qquad (8.6)$$

であるから，運動エネルギーとみなすことができる．第 1 項は質量が持っているエネルギーと解釈でき，静止質量エネルギーという．空間成分は

$$mu^i = m\frac{dx^i}{d\tau} = \frac{mV^i}{\sqrt{1-V^2}} \qquad (8.7)$$

となるから，この量は 3 次元の運動量に対応する．またそこで一般に

$$p^\mu \equiv mu^\mu \qquad (8.8)$$

として 4 元運動量を定義する．この 4 元運動量は次の規格化条件を満たす．

$$p^2 = p_\mu p^\mu = -m^2 \qquad (8.9)$$

4 元運動量の時間成分はエネルギー E である．そこで運動方程式の空間成分を考えると，

$$\frac{1}{\sqrt{1-V^2}}\frac{dp^i}{dt} = f^i \qquad (8.10)$$

となる．そこで 4 元力の空間成分を，次のように 3 次元的な力 F^i に対応させる．

$$f^i = \frac{1}{\sqrt{1-V^2}}F^i \qquad (8.11)$$

では，運動方程式の時間成分を考えてみよう．

$$\frac{1}{\sqrt{1-V^2}}\frac{dE}{dt} = f^0 \tag{8.12}$$

一方，f^0 は $u^2 = -1$ から導かれる式 $u_\mu(du^\mu/d\tau) = 0$ を使えば，

$$0 = \eta_{\mu\nu}u^\mu f^\nu = -u^0 f^0 + u^i f^i = u^0(-f^0 + \gamma V^i F^i) \tag{8.13}$$

となるので，結局，運動方程式の時間成分は

$$\frac{dE}{dt} = V^i F^i \tag{8.14}$$

となる．右辺は仕事率に対応するから，エネルギーの保存則を表すことが分かる．

こうして相対論的な運動方程式は，運動量保存則とエネルギー保存則を表している．

8.2 光子

ここで光子の運動について触れておく．光子の運動を表す世界線は，ヌルであるから，世界線のパラメータとして固有時間は使えない．そこで適当なパラメータ λ を使って光子の 4 元運動量を次のように定義する．

$$k^\mu = \frac{dx^\mu}{d\lambda} \tag{8.15}$$

この 4 元運動量はヌルベクトルである．

$$k^2 = k_\mu k^\mu = 0 \tag{8.16}$$

いま，4 元運動量 $\vec{u}$ を持った観測者が 4 元運動量 $\vec{k}$ の光子を観測するとしよう．このとき次のスカラー積を考える．

$$-\vec{u} \cdot \vec{k} \tag{8.17}$$

これはスカラーであるのでどの慣性系で評価しても同じ値を持つ．そこで $\vec{u}$ の共動座標系 O で評価してみよう．

$$\vec{u} \xrightarrow{O} (1,0,0,0) \tag{8.18}$$

すると明らかにこのスカラー積は $\vec{k}$ の時間成分，すなわち光子のエネルギーを与えることが分かる．したがって次の公式が得られる．

$$E = -\vec{u} \cdot \vec{k} \tag{8.19}$$

8.2.1 光子のドップラー効果

上の公式から光子のドップラー効果 (Doppler effect) を導くことができる. 4元速度 $\vec{u}_S$ を持った光源から光子 $\vec{k}$ が放出されて, それを 4 元速度 $\vec{u}_O$ を持った観測者が受け取ることを考える. 光源と観測者の 4 元速度をそれぞれ以下のようにとる.

$$\begin{aligned} \vec{u}_S &\to \gamma(1, V^i) \\ \vec{u}_O &\to (1, 0, 0, 0) \end{aligned} \tag{8.20}$$

すると放射したときと受信したときのエネルギー（振動数）の比は次のように計算される.

$$\frac{\omega_{\text{rec}}}{\omega_{\text{obs}}} = \frac{\vec{u}_O \cdot \vec{k}}{\vec{u}_S \cdot \vec{k}} = \frac{1}{\gamma} \frac{1}{1 - V^i n^i} \tag{8.21}$$

ここで光子の 4 元運動量を今考えている慣性系で

$$\vec{k} \xrightarrow{O} (k^0, k^0 \boldsymbol{n}^i) \tag{8.22}$$

とした. ただし $\boldsymbol{n}^i$ は 3 次元の（空間的）単位ベクトルであり, 3 次元空間での光子の運動する方向である. 特に光源の運動が視線方向のとき

$$\frac{\omega_{\text{rec}}}{\omega_{\text{obs}}} = \sqrt{\frac{1 \pm V}{1 \mp V}} \tag{8.23}$$

符号は光源が遠ざかるとき（$\boldsymbol{n}$ と $\boldsymbol{V}$ の方向が逆向き）と近づくときの違いである. 光源が視線方向に対して直交しているとき（$V^i n^i = 0$）も, ドップラー効果は 0 ではない. これは光源が運動しているために光源の時間が遅れるからである.

8.3 保存則とその応用

外力がない場合, 4 元運動量は保存する. 4 元運動量の保存則を使うと素粒子の崩壊や素粒子同士の衝突を簡単に扱うことができる. その例としてコンプトン散乱と陽子同士の衝突によるパイ中間子生成をを取り上げよう.

8.3.1 コンプトン散乱

コンプトン散乱 (compton scattering) とは, 光子が電子によって散乱される

現象である．光が古典的な電磁波とするマックスウェルの電磁気学では，電子は入射光子の振動数で揺さぶられ同じ振動数の光子を放出する．したがって散乱された光の振動数は入射した光の振動数と同じはずである．しかし 1923 年，物質中の自由電子による X 線の散乱を調べていたコンプトンは散乱された光の振動数が小さくなることを見出した．

この現象は，振動数 ν の光がエネルギー $h\nu$ の光子の集まりであるとするアインシュタインの光量子仮説によって説明され，光の粒子性を示すという歴史的に重要な意味を持っている．ここで h はプランク定数である．

$$h = 6.6 \times 10^{-34} \quad [\text{J} \cdot \text{s}] \tag{8.24}$$

コンプトン散乱による振動数の変化は 4 元運動量の保存則を用いると，簡単に計算することができる．いま，振動数 ν を持った光子が静止した電子に衝突し，入射方向から角度 θ 方向に散乱されたとする（図 8.1）．$\vec{k}_1, \vec{k}_3$ をそれぞれ入射した光子，散乱された光子の 4 元運動量，$\vec{p}_2, \vec{p}_4$ をそれぞれ静止していた電子，散乱後の電子の 4 元運動量とする．このとき 4 元運動量の保存則から

$$k_1^\mu + p_2^\mu = k_3^\mu + p_4^\mu \tag{8.25}$$

これから

$$(k_1 + p_2 - k_3)^2 = (p_4)^2 \tag{8.26}$$

が導かれるが，$(k_1)^2 = (k_3)^2 = 0$，および m を電子の質量として $(p_2)^2 = (p_4) = -m^2$ が成り立つことに注意すると，上の式は

$$\vec{k}_1 \cdot \vec{k}_3 = \vec{p}_2 \cdot (\vec{k}_1 - \vec{k}_3) \tag{8.27}$$

ここで $\vec{k}_1 = h\nu(1, \boldsymbol{n})$, $\vec{k}_3 = h\nu'(1, \boldsymbol{n}')$ とし，衝突前の光子と衝突後の光子の進行方向は角度 θ をなすとする．すると $\boldsymbol{n} \cdot \boldsymbol{n}' = \cos\theta$ となるから（スカラー量は，どの慣性系で計算しても同じ値となるから便利な慣性系で計算すればよい）

$$\vec{k}_1 \cdot \vec{k}_3 = h^2 \nu \nu'(-1 + \cos\theta) \tag{8.28}$$

一方，衝突前の電子の静止系で考えると $\vec{p}_2 = (m, \boldsymbol{0})$ だから

$$\vec{p}_2 \cdot (\vec{k}_1 - \vec{k}_3) = -mh(\nu - \nu') \tag{8.29}$$

したがって

$$\frac{1}{\nu'} - \frac{1}{\nu} = \frac{h}{m}(1 - \cos\theta) \tag{8.30}$$

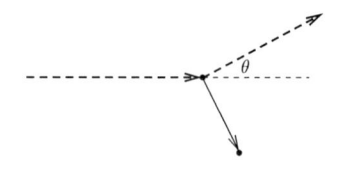

図 8.1 コンプトン散乱

あるいは波長で表すと，散乱前後の光子の波長を λ, λ' として
$$\lambda' - \lambda = \lambda_C (1 - \cos\theta) \tag{8.31}$$
ここで λ_C は次式で定義される電子の**コンプトン波長** (Compton wave length) である．
$$\lambda_C \equiv \frac{h}{m} \tag{8.32}$$
これが有名なコンプトン散乱による波長の変化の公式である．散乱された光子はエネルギーを失い振動数が小さくなり波長が長くなるのである．

コンプトン効果の逆反応，すなわち高エネルギーの荷電粒子と光子が衝突して光子のエネルギーを増加させる反応を逆コンプトン効果という．逆コンプトン効果 (inverse Compton effect) は天文学で重要な役割を果たす．例えば銀河の集団である銀河団には高温のプラズマに宇宙マイクロ波背景放射（CMB）の光子と衝突すると光子のエネルギーを増加させて CMB のスペクトルを変化させる．これを**スニヤエフ–ゼルドビッチ効果** (Sunyaev-Zel'dovich effect) といい，銀河団中の高温ガスの分布や遠方の銀河団を発見する手段として用いられている．

8.3.2 陽子衝突におけるパイ中間子生成

静止した陽子に高速の陽子が衝突すると，あるエネルギー以上でパイ中間子が生成される．
$$p + p \to p + p + \pi^0 \tag{8.33}$$
このような反応が起こる入射陽子の最低のエネルギー（閾値）を求めてみよう．このエネルギーを求めるには，衝突後の粒子がお互いに静止した状態を考えればよい．このとき運動エネルギーに使われたエネルギーがないので，これが一

番経済的であるのは明らかだろう．このとき衝突前の静止陽子と入射陽子の 4 元運動量をそれぞれ，$\vec{p}_1$ と $\vec{p}_2$ とし，終状態の全 4 元運動量を $\vec{P}$ とすると，

$$\vec{p}_1 + \vec{p}_2 = \vec{P} \tag{8.34}$$

となる．これから

$$p_1^2 + p_2^2 + 2\vec{p}_1 \cdot \vec{p}_2 = P^2 \tag{8.35}$$

ここで衝突前の 2 つの陽子の相対速度を v とすると，$\vec{p}_1 \cdot \vec{p}_2 = m_p^2 \gamma$ であるから（$\gamma = 1/\sqrt{1-v^2}$）

$$2(m_p)^2 + 2(m_p)^2 \gamma = (2m_p + m_\pi)^2 \tag{8.36}$$

ここで陽子とパイ中間子の静止質量をそれぞれ m_p, m_π と書いた．

$$\gamma = 1 + \frac{2m_\pi}{m_p} + \frac{m_\pi^2}{2m_p^2} \tag{8.37}$$

ここで $m_p = 938.27$ MeV, $m_\pi = 134.97$ MeV であるから，$m_\pi/m_p \sim 0.144$ となり $\gamma \sim 1.3$ となる．すなわち入射陽子は約 $0.3 m_p$ の運動エネルギーをもたなければ，中性パイ中間子は生成されないことが分かる．これは生成されるパイ中間子の静止エネルギーの 2 倍以上である．

問題： 陽子同士の衝突によって次の反応 $p + p \rightarrow p + p + p + \bar{p}$ で反陽子を作るときの閾値を求めよ．

9 電気力学

9.1 マクスウェル方程式の共変形

特殊相対性理論の発端は，光の速度が光源の速度によらないという実験事実であった．この現象を記述しているのが電磁気学である．電磁気学はアンペール，ファラディーなどの研究をもとにマクスウェルによって完成され，今日，マクスウェル方程式と呼ばれる次の方程式系としてまとめられた．

$$
\begin{align}
&(\mathrm{I}) \quad \nabla \cdot \boldsymbol{E} = \frac{1}{\epsilon_0} \rho_e \\
&(\mathrm{II}) \quad \nabla \times \boldsymbol{E} + \frac{\partial \boldsymbol{B}}{\partial t} = 0 \\
&(\mathrm{III}) \quad \nabla \cdot \boldsymbol{B} = 0 \\
&(\mathrm{IV}) \quad \nabla \times \boldsymbol{B} - \frac{\partial \boldsymbol{E}}{\partial t} = \mu_0 \boldsymbol{j}_e
\end{align}
\tag{9.1}
$$

ここで $\boldsymbol{E}, \boldsymbol{B}$ は，それぞれ電場ベクトルと磁場ベクトル，ρ_e と $\boldsymbol{j}_e$ はそれぞれ電荷密度，電流密度ベクトルである．また ϵ_0 と μ_0 はそれぞれ真空の誘電率と透過率であり，$\epsilon_0 \mu_0 = c^{-2} = 1$（$c=1$ という単位系をとっていることに注意）の関係がある．以下，さらに式を簡単にするために，$\epsilon_0 = \mu_o = 1$ という単位系をとる．この式に現れるベクトルは3次元ベクトルであるので，上の形のマクスウェル方程式がどの慣性系においても同じ形をとることは明らかではない．それを明白に示すには，マクスウェル方程式系をローレンツ変換に対するベクトル量やテンソル量で表せばよい．このように書き換えることを方程式をローレンツ変換に対して共変化するといい，共変化された式を共変形の式という．

9.1 マクスウェル方程式の共変形

マクスウェル方程式を共変化するために,まず上の方程式 (I) と (IV) から次の式が成り立つことに注意する.

$$\frac{\partial \rho_e}{\partial t} + \nabla \cdot \boldsymbol{j}_e = 0 \qquad (9.2)$$

この式は流体力学の連続の式と同じ形をしていて,この場合は電荷の保存則を表している.まずそのことを見てみよう.この式をある体積 V にわたって積分すれば次式が得られる.

$$\int_V d^3x \frac{\partial \rho_e}{\partial t} = -\int_V d^3x \nabla \cdot \boldsymbol{j}_e = -\int_S d^2x\, \boldsymbol{n} \cdot \boldsymbol{j} \qquad (9.3)$$

ここで S は体積 V の表面を表し,$\boldsymbol{n}$ は表面 S の単位法線ベクトルである.最後の等号はガウスの積分定理を使った.上の式から

$$Q \equiv \int_V d^3x \rho_e \qquad (9.4)$$

として体積 V 中に含まれる電荷を定義すると

$$\frac{dQ}{dt} = -\int_S d^2x\, \boldsymbol{n} \cdot \boldsymbol{j}_e \qquad (9.5)$$

となることから,電荷 q が表面を通り抜ける電流によって変化することが分かる.

この電荷の保存則は,$\rho_e = j^0$ として電荷密度をある 4 元ベクトルの時間成分,電流密度ベクトルをこの 4 元ベクトルの空間成分とみなすことで,次の形の式に書ける.

$$\frac{\partial j^0}{\partial x^0} + \frac{\partial j^k}{\partial x^k} = 0 \qquad (9.6)$$

この式は次のように書けば,ローレンツ変換に対して共変的であることは一目瞭然である.

$$\partial_\mu j^\mu \equiv \frac{\partial j^\mu}{\partial x^\mu} = 0 \qquad (9.7)$$

さて ρ_e と $\boldsymbol{j}_e$ が 4 元ベクトルの成分であるとみなすことから,電場と磁場がローレンツ変換に対してどのように変換する量であるかが推測できる.まず (I) のマクスウェル方程式を取り上げよう.この式の右辺がベクトルの時間成分

(j^0) であるから，この式がローレンツ変換に対して共変的であるためには左辺も同様にベクトルの時間成分でなければならない．またこの式には空間微分があるが，ローレンツ変換に対して共変的な形では時間微分をともなわず単独では現れない．左辺全体としてベクトル（の時間成分）であり，さらに（共変）ベクトルである座標微分があるから，左辺は，ある2階のテンソル $F^{\mu\nu}$ が存在して

$$\frac{\partial E^k}{\partial x^k} = \frac{\partial}{\partial x^\mu} F^{0\mu} \tag{9.8}$$

と書けるはずである．すなわち電場ベクトルはローレンツ変換に対してはベクトルではなく2階のテンソルの成分であると推測される．また形式的にはこう書けても実際には時間微分を含まないことから $F^{00} \equiv 0$，すなわち F は反対称テンソルであることが予想される．次に (IV) のマクスウェル方程式を見てみよう．この式の右辺は4元ベクトルの空間成分であるから，左辺もそうでなければならない．また (I) と (IV) を合わせて4次元形となるから (IV) 式の左辺は次のように書かれることが分かる．

$$\epsilon^{kij}\partial_i B_j + \frac{\partial E^k}{\partial x^0} = \frac{\partial}{\partial x^\mu} F^{k\mu} \tag{9.9}$$

ここでベクトルのローテーションが次のように書けることを使った．

$$(\nabla \times \boldsymbol{B})^k = \epsilon^{kij}\partial_i B_j \tag{9.10}$$

ここで ϵ^{ijk} は3次元の完全反対称テンソルで，$\epsilon^{123} = 1$ とする．以上から電場と磁場は2階の反対称テンソルの成分として次のように与えられることが分かる．

$$\begin{aligned} F^{0i} &= -F^{i0} = E^i \\ F^{ki} &= -F^{ik} = \epsilon^{ijk} B_j \end{aligned} \tag{9.11}$$

あるいは行列表現を使えば，次のようになる．

$$F^{\mu\nu} = \begin{pmatrix} 0 & E_1 & E_2 & E_3 \\ -E_1 & 0 & B_3 & -B_2 \\ -E_2 & -B_3 & 0 & B_1 \\ -E_3 & B_2 & -B_1 & 0 \end{pmatrix} \tag{9.12}$$

この F を電磁テンソルという．添え字の上げ下げは，通常通りミンコフスキーメトリックで行われる．

$$F_{\mu\nu} = \eta_{\mu\alpha}\eta_{\nu\beta}F^{\alpha\beta} \tag{9.13}$$

したがって例えば $F^{01} = E_1$ であるが，$F_{01} = -E_1$ となる．また $E^i = E_i$，$B^i = B_i$ である．この 2 階のテンソルを用いると，(I) と (IV) のマクスウェル方程式は次のような共変形となることが分かる．

$$\partial_\nu F^{\mu\nu} = j^\mu \tag{9.14}$$

では，残りの (II) と (III) のマクスウェル方程式はどうだろう．ここで真空中 ($\rho_e = \boldsymbol{j}_e = 0$) では，この 2 式が (I)，(IV) 式から，次のような置き換えをすれば得られることに注意する．

$$\boldsymbol{E} \to \boldsymbol{B}, \ \boldsymbol{B} \to -\boldsymbol{E} \tag{9.15}$$

そこでこの置き換えに対応する操作として，4 次元の完全反対称テンソルを用いて以下のような操作を定義する．

$$\tilde{F}^{\mu\nu} = \frac{1}{2}\epsilon^{\mu\nu\rho\sigma}F_{\rho\sigma} \tag{9.16}$$

これを双対という．例えば

$$\begin{aligned}
\tilde{F}^{01} &= \frac{1}{2}\epsilon^{01jk}F_{jk} = \frac{1}{2}(\epsilon^{0123}F_{23} + \epsilon^{0132}F_{32}) = F_{23} = B_1 \\
\tilde{F}^{23} &= \frac{1}{2}\epsilon^{23\rho\sigma}F_{\rho\sigma} = \frac{1}{2}(\epsilon^{2301}F_{01} + \epsilon^{2310}F_{10}) = F_{01} = -E_1
\end{aligned} \tag{9.17}$$

この双対テンソルを使うことで，方程式 (II)(III) は次のようにまとめられる．

$$\partial_\nu \tilde{F}^{\mu\nu} = 0 \tag{9.18}$$

結局，(I) から (IV) のマクスウェル方程式は，次の 2 つの共変形の方程式に書けることが分かる．

$$\partial_\nu F^{\mu\nu} = j^\mu, \quad \partial_\nu \tilde{F}^{\mu\nu} = 0 \tag{9.19}$$

9.2 電場と磁場の変換性とその応用

さて電場と磁場が 2 階の反対称テンソルの成分であることが分かったので，その変換性はすぐに求められる．ローレンツ変換の下で 2 階のテンソルは次のように変換する．

$$F'^{\mu\nu} = \Lambda^\mu{}_\alpha \Lambda^\nu{}_\beta F^{\alpha\beta} \tag{9.20}$$

これからローレンツ変換が具体的に与えられれば，2 つの慣性系の間の電場と磁場の関係が分かる．例えば，慣性系 O における電磁場 $\boldsymbol{E}, \boldsymbol{B}$ と x-方向に速度 v でブースト変換した慣性系 O' における電磁場 $\boldsymbol{E}', \boldsymbol{B}'$ の間には次のような関係が得られる．

$$\begin{aligned} E'_x &= E_x, \ E'_y = \gamma(E_y - vB_z), \ E'_z = \gamma(E_z + vB_y) \\ B'_x &= B_x, \ B'_y = \gamma(B_y + vE_z), \ B'_z = \gamma(B_z - vE_y) \end{aligned} \tag{9.21}$$

一般に 2 つの慣性系の間の電磁場の関係は次のように書くことができる．

$$\begin{aligned} \boldsymbol{E}'_{//} &= \boldsymbol{E}_{//}, \quad \boldsymbol{E}'_\perp = \gamma(\boldsymbol{E}_\perp + \boldsymbol{v} \times \boldsymbol{B}_\perp) \\ \boldsymbol{B}'_{//} &= \boldsymbol{B}_{//}, \quad \boldsymbol{B}'_\perp = \gamma(\boldsymbol{B}_\perp - \boldsymbol{v} \times \boldsymbol{E}_\perp) \end{aligned} \tag{9.22}$$

ここで記号 $//$ は，慣性系同士の運動方向に平行な成分を表し，記号 $\perp$ は運動に垂直な成分を表す．

このような電場と磁場の変換性から次のことが分かる．もし慣性系 O で磁場がなければ，その x 方向にブーストした慣性系 O' では

$$\boldsymbol{B}' = -\boldsymbol{v} \times \boldsymbol{E}' \tag{9.23}$$

が成り立つ．すなわち電場と磁場は直交する．また慣性系 O で電場がなければ，慣性系 O' では

$$\boldsymbol{E}' = \boldsymbol{v} \times \boldsymbol{B}' \tag{9.24}$$

となり，やはり電場と磁場は直交する．逆にある慣性系で電場と磁場が直交していれば（ただし大きさは等しくない），磁場のみ，あるいは電場のみが存在する慣性系が見つけることができる．一般にはこのときどんな慣性系でも電場と磁場は直交する．これは $\boldsymbol{E} \cdot \boldsymbol{B}$ という組合せが，ローレンツ変換に対するスカ

ラー量だからである．なぜなら電磁テンソルとその双対から

$$F_{\mu\nu}\tilde{F}^{\mu\nu} = -4\boldsymbol{E}\cdot\boldsymbol{B} \tag{9.25}$$

が導かれるが，左辺は明らかにスカラーであるから，右辺もスカラーとなる．同じような不変量として

$$F_{\mu\nu}F^{\mu\nu} = 2(\boldsymbol{B}^2 - \boldsymbol{E}^2) \tag{9.26}$$

がある．したがって例えばある慣性系で電場と磁場の絶対値が等しければ，どの慣性系でも等しいことが分かる．

9.3　4元ポテンシャルとゲージ変換

　電場と磁場が2階の反対称テンソルである電磁テンソルで表されることが分かったが，場の強さは4元ベクトルポテンシャル A で表されることが知られている．磁場の発散がゼロであることから，磁場はある3次元ベクトル A の回転で書けることが分かる．

$$\boldsymbol{B} = \nabla \times \boldsymbol{A} \tag{9.27}$$

この式とマクスウェル方程式 (II) から電場はスカラーポテンシャル ϕ とベクトルポテンシャルから次のように書けることが導かれる．

$$\boldsymbol{E} = -\frac{\partial \boldsymbol{A}}{\partial t} - \nabla \phi \tag{9.28}$$

ここでスカラーポテンシャルとベクトルポテンシャルから4元ベクトルポテンシャルを

$$A^\mu = (A^0, A^i) = (\phi, \boldsymbol{A}) \tag{9.29}$$

として定義すれば，上の関係は

$$\begin{aligned} E_x &= -\partial_0 A^1 - \partial_1 A^0 = -\partial_0 A_1 + \partial_1 A_0 \\ B_x &= (\nabla \times \boldsymbol{A})_x = \partial_2 A^3 - \partial_3 A^2 = \partial_2 A_3 - \partial_3 A_2 \end{aligned} \tag{9.30}$$

などとなり，これと $F_{\mu\nu}$ の定義と比べると，

$$F_{\mu\nu} = \partial_\mu A_\nu - \partial_\nu A_\mu \tag{9.31}$$

と書けることが分かる．

この4元ポテンシャルを与えても電場，磁場は一意的には決まらない．実際，次のような4元ポテンシャルの変換

$$A'_\mu = A_\mu + \partial_\mu \Lambda \tag{9.32}$$

を考えれば，A'_μ から同じ電磁テンソルが得られることが分かる．この4元ポテンシャルの変換をゲージ変換という．

4元ポテンシャルでマクスウェル方程式を書くと

$$\Box A_\mu - \partial_\mu \partial_\nu A^\nu = -j_\mu \tag{9.33}$$

となる．ここで，$\Box$ は

$$\Box \equiv \eta^{\mu\nu} \partial_\mu \partial_\nu = -\frac{\partial^2}{\partial t^2} + \Delta \tag{9.34}$$

で定義される波動演算子（ダランベール演算子）である．この方程式を具体的に解くには，ゲージ変換の自由度を利用して次のような条件を満たす4元ポテンシャルを考えるのが便利である．

$$\partial_\mu A^\mu = 0 \tag{9.35}$$

この条件をローレンツ条件，その条件を満たす4元ポテンシャルをローレンツゲージのポテンシャルという．このとき上の式は次の波動方程式を満たす．

$$\Box A_\mu = -j_\mu \tag{9.36}$$

9.4 電磁場中の荷電粒子の運動方程式

最後に外部電磁場中における荷電粒子の運動方程式を，相対論的に共変な形で書こう．よく知られているように電磁場中の荷電粒子の非相対論的な運動方程式は，電荷を q として次のように書ける．

$$\frac{d\boldsymbol{p}}{dt} = q(\boldsymbol{E} + \boldsymbol{v} \times \boldsymbol{B}) \tag{9.37}$$

この右辺はローレンツ力 (Lorentz force) と呼ばれる．この運動方程式は，次のラグランジアンから求められる．

$$L = \frac{1}{2}mv^2 - q(\phi - \boldsymbol{A} \cdot \boldsymbol{v}) \tag{9.38}$$

9.4 電磁場中の荷電粒子の運動方程式

以上の式をローレンツ変換に対して共変的にすればよい．これまでの議論で推測されるようにローレンツ力を共変的にするには，電場と磁場を電磁ストレスで表し，3次元速度を4元速度に対応させればよい．電磁ストレスと4元速度の各々に対して1次で，しかも4元ベクトルとして振る舞う組合せは次のものしかない．

$$F^{\mu\nu}u_\nu \tag{9.39}$$

非相対論的極限で上の式と一致することを要請すれば，運動方程式として次式が得られる．

$$\frac{dp^\mu}{d\tau} = qF^{\mu\nu}u_\nu \tag{9.40}$$

ここで τ は固有時間 $d\tau = \sqrt{-ds^2}$ である．実際，この式の右辺の空間成分を計算すると，

$$\begin{aligned}qF^{1\nu}u_\nu &= q(F^{10}u_0 + F^{1j}u_j) = q(E_x u_1 + B_z u_2 - B_y u_3) \\ &= q\gamma(E_x + (\boldsymbol{v}\times\boldsymbol{B})_x)\end{aligned} \tag{9.41}$$

となり，非相対論的極限では $\gamma \sim 1$ であるからローレンツ力に帰着する．一方，運動方程式の時間成分は

$$qF^{0\nu}u^\nu = qF^{0i}u_i = q\gamma E_i v_i \tag{9.42}$$

であり，これは電場によってなされた仕事である（磁場は運動方向に直交しているので仕事をしない）．要するに運動方程式の時間成分はエネルギーの保存を表している．

この運動方程式は変分原理から求めることができる．このとき注意することは，非相対論的力学では作用は，ラグランジアンの時間積分で与えられたが，相対論の場合，積分測度 dt はスカラーではないことである．スカラー量としては固有時間の微小変化 $d\tau$ を用いるのが便利である．

$$S = \int L(x^\mu, \dot{x}^\mu, A_\mu)d\tau \tag{9.43}$$

ここで $\dot{x}^\mu = dx^\mu/d\tau$．電磁場の力学自由度を考える場合には，ラグランジアンは電磁場のポテンシャル A^μ とその固有時間微分の関数となるが，ここでは電磁場は与えられた外場と考える．このときラグランジアンは次のように与え

られる.

$$L = -m\frac{ds}{d\tau} - qA_\mu u^\mu = -m\sqrt{-\eta_{\mu\nu}\dot{x}^\mu\dot{x}^\nu} - qA_\mu \dot{x}^\mu \quad (9.44)$$

実際に，このラグランジアンを用いてオイラー–ラグランジュ方程式

$$\frac{d}{d\tau}\left(\frac{\partial L}{\partial \dot{x}^\mu}\right) = \frac{\partial L}{\partial x^\mu} \quad (9.45)$$

を計算してみよう．左辺は

$$\frac{\partial L}{\partial \dot{x}^\mu} = m\eta_{\mu\nu}\dot{z}^\nu - qA_\mu \quad (9.46)$$

だから

$$\frac{d}{d\tau}\left(\frac{\partial L}{\partial \dot{x}^\mu}\right) = m\eta_{\mu\nu}\ddot{x}^\nu - q\frac{\partial A_\mu}{\partial x^\nu}\dot{x}^\nu \quad (9.47)$$

ここで $\dot{x}^\mu$ を独立として微分した後，4元速度の規格化 $u^2 = -1$ を使っている．一方，左辺は

$$\frac{\partial L}{\partial x^\mu} = -q\frac{\partial A_\nu}{\partial x^\mu}\dot{x}^\nu \quad (9.48)$$

これらを合わせると，望み通りの運動方程式 (5.39) が得られることが分かる．

ハミルトニアンを求めよう．正準共役運動量は上で計算したように

$$p_\mu = \frac{\partial L}{\partial \dot{x}^\mu} = m\eta_{\mu\nu}\dot{x}^\nu - qA_\mu \quad (9.49)$$

だから，これを $\dot{x}^\mu$ について解くと，

$$\eta_{\mu\nu}\dot{x}^\nu = \frac{1}{m}(p_\mu + qA_\mu) \quad (9.50)$$

したがって

$$H(x,\dot{x}) = \dot{x}_\mu p^\mu - L = \frac{1}{2m}\eta^{\mu\nu}(p_\mu + qA_\mu)(p_\nu + qA_\nu) \quad (9.51)$$

となる．一方，4元速度の規格化条件から $H = -1/(2m)$ となるので，

$$\eta^{\mu\nu}(p_\mu + qA_\mu)(p_\nu + qA_\nu) = -m^2 \quad (9.52)$$

という関係が成り立つ．この式で $p_\mu = \partial S/\partial x^\mu$ とすれば，ハミルトン–ヤコビ方程式が得られる．

9.4 電磁場中の荷電粒子の運動方程式

これを用いて水素原子の古典モデルにおける特殊相対論的効果を見てみよう. 水素原子のモデルとして原点に固定された電荷 q のまわりを電荷 $-e$ の電子が運動しているとする. これは中心力の問題であるから, 空間座標として極座標 (r, θ, ϕ) を用いるのが便利である. 極座標系では平坦な時空の線素は次のように書ける.

$$ds^2 = -dt^2 + dr^2 + r^2(d\theta^2 + \sin^2\theta d\phi^2) \tag{9.53}$$

したがって, この場合のハミルトン–ヤコビ方程式は以下のようになる.

$$-\left(\frac{\partial S}{\partial t} - \frac{eq}{r}\right)^2 + \left(\frac{\partial S}{\partial r}\right)^2 + \frac{1}{r^2}\left(\frac{\partial S}{\partial \theta}\right)^2 + \frac{1}{r^2 \sin^2\theta}\left(\frac{\partial S}{\partial \phi}\right)^2 = -m^2 \tag{9.54}$$

ここで条件から, $A_0 = q/r, A_i = 0 \, (i = 1, 2, 3)$ とした. 以下, 中心力の問題であるから軌道は赤道面 $(\theta = \pi/2)$ に限定する. したがって $p_\theta = 0$ である. ハミルトニアンは時間と角度座標 ϕ を陽に含まないから, エネルギー E と角運動量 L_ϕ が保存し, ハミルトンの主関数は次のようにおくことができる.

$$S = R(r) + L_\phi \phi - Et \tag{9.55}$$

すると, ハミルトン–ヤコビ方程式は以下のようになる.

$$-E^2 + \frac{2Eqe}{r} - \frac{q^2 e^2}{r^2} + \left(\frac{dR}{dr}\right)^2 + \frac{L_\phi^2}{r^2} = -m^2 \tag{9.56}$$

これから

$$R = \pm \int dr \sqrt{\frac{q^2 e^2 - L_\phi^2}{r^2} - \frac{2Eqe}{r} - (m^2 - E^2)} \tag{9.57}$$

したがって, 運動は α を定数として次の式から決まる.

$$\frac{\partial S}{\partial L_\phi} = \phi + \frac{\partial R}{\partial L_\phi} = \alpha \tag{9.58}$$

具体的に書くと

$$\phi - \alpha = \pm \int \frac{dr}{r} \frac{L_\phi}{\sqrt{(q^2 e^2 - L_\phi^2) - 2Eqer - (m^2 - E^2)r^2}} \tag{9.59}$$

変数を $u = 1/r$ とすると

$$\phi - \alpha = \mp \int du \frac{L_\phi}{\sqrt{(q^2 e^2 - L_\phi{}^2)u^2 - 2Eqeu - (m^2 - E^2)}} \quad (9.60)$$

水素原子を考えるので電子は束縛状態にある.そこで電子の軌道範囲を $a \leq u \leq b$ とすると,平方根の中の2次式は

$$(q^2 e^2 - L_\phi{}^2)u^2 - 2Eqeu - (m^2 - E^2) = (q^2 e^2 - L_\phi{}^2)(u-a)(b-u) \quad (9.61)$$

と書ける.

$$\phi - \alpha = \mp \frac{L_\phi}{\sqrt{L_\phi{}^2 - q^2 e^2}} \int \frac{du}{\sqrt{(u-a)(b-u)}} \quad (9.62)$$

この積分は,

$$u = \frac{1}{2}(a+b) - \frac{1}{2}(b-a)\cos\psi \quad (9.63)$$

とおくことで簡単に積分できて,

$$\psi = \sqrt{1 - \frac{q^2 e^2}{L_\phi{}^2}}(\phi - \alpha) \quad (9.64)$$

この解を見ると,ϕ が 2π 進んでも r は元の値に戻らず,軌道は閉じないことが分かる.例えば r が最少になる地点(太陽系の場合は近日点)は ϕ の増加する方向に移動し(近日点移動,perihelion precession),1周期ごとに

$$\Delta\phi = 2\pi\left(\frac{1}{\sqrt{1 - q^2 e^2/L_\phi{}^2}} - 1\right) \quad (9.65)$$

だけ移動する.

10 一般相対性理論の導入

 特殊相対性理論は，物理法則を光速度不変性の原理と特殊相対性原理を満たすように書き換えた理論であり，そのためには4次元ミンコフスキー時空というものが必然的に導入され，それまでの時間や空間の概念を一新した．ところが重力の法則は明らかに特殊相対性理論を満たしていない．ニュートンの重力の法則では質量が重力ポテンシャルを作る．例えば質量密度 $\rho(x^i, t)$ の作る重力ポテンシャルは次の場の方程式を解くことによって求められる．

$$\Delta \phi(x^i, t) = 4\pi G \rho(x^i, t) \tag{10.1}$$

ここで Δ はラプラシアン，G は重力定数である．この式に現れる質量密度 ρ は質量を体積要素で割ったもので，質量は4元ベクトルの時間成分，体積要素もローレンツ変換に対して変化（ローレンツ収縮）するので，質量密度だけが現れる方程式ではローレンツ変換に対して方程式が同じ形を持たず特殊相対性原理を満たすことができない．またこの場の方程式は時刻 t の質量密度が同時刻 t の重力場を作ることを意味するが，これでは重力は無限の速さで空間を伝わることになり，光速度以上の速度で情報は伝わらないという特殊相対性理論に反してしまう．

10.1 等 価 原 理

 重力の法則は，どうのようにすれば特殊相対性原理を満たすように書き換えることができるのだろうか．このような疑問から一般相対性理論はスタートするが，できあがった理論は特殊相対性理論をはるかに超えるものであった．この理論の基礎になったのが，等価原理という重力の基本的性質である．等価原

理を突き詰めて考察することによって一般相対性理論が自然に得られるので，まず等価原理を説明しよう．

等価原理とは，「重たいものも軽いものも同じ加速度で落下する」という観測事実である．このことはピサの斜塔の実験でガリレオが示したという伝説があるが，実際にはガリレオ以前に知られていた．ニュートン力学で外力が重力の場合の運動方程式を書いてみると

$$m_I \boldsymbol{a} = m_G \boldsymbol{g} \tag{10.2}$$

となる．ここで m_I は**慣性質量** (inertial mass)，m_G は重力質量，$\boldsymbol{g}$ は重力加速度である．重力質量というのは物体が外部重力場によって受ける力を決める物体の属性であり，電磁気力の場合の電荷に相当する．したがって**重荷** (gravitational change) といった方が適切である．電荷の場合は正，零，負と3通りあってそれによって電場から受ける力が違っている．重力の場合には慣性質量と重荷が等価であるというのが，等価原理である．したがって重力質量と重荷を等しいとおくことができて，重力場中の運動方程式からあらゆる物体は同じ加速度（重力加速度）で落下することが導かれる．

このことから，アインシュタインは有名な落下するエレベータという思考実験によって重力場中で重力加速度で落下する物体には重力が働かないことを示した．現代ではこのことは地球の周回軌道上にあるスペースシャトルの中で無重量状態が実現されていることから，それほど奇異に思わないかもしれない．しかし，これに気がつくには，ガリレオの時代から300年以上も要したのである．重力が加速度運動によって消せるということは，逆に加速度運動によって重力が作れるということでもある．こうして等価原理から重力が見かけの力であるという可能性が導き出される．重力の働かない状況では特殊相対性理論が成立していると期待できるので，加速度系に移ることで重力が記述できるのではないかと考えることは自然である．

この考えに基づいて，重力によって時間の進みが遅れること，および光の進路が曲がることが導かれる．今，加速度運動している宇宙船を考える．宇宙船の中ではその進行方向と逆向きの重力を感じる．そこで宇宙船の中で進行方向を天井，反対方向を底として底から天井に向かって光の信号を底に置いた時計で1秒ごとに出し，それを天井で受け取ることを考える．もし宇宙船が一定の

速度で運動していれば天井でも 1 秒ごとに信号を受け取るだろう．しかし加速している場合，時間が経つにつれ速度が速くなるので信号が天井に到達する時間がだんだん長くなっていく．こうして底（重力の強い場所）においた時計は，天井（重力が弱い場所）においた時計よりもゆっくりと進むことがわかる．

10.2 加速度系

重力が加速度によるみかけの力だとすると，加速度系に移ることによって重力が記述できるはずだ．そこでミンコフスキー時空で慣性系から加速度系への座標変換を考えてみよう．慣性系 O の座標を $X^{\hat{\alpha}}$，加速度系 S の座標を x^μ とし，それらの間の座標変換を一般に

$$X^{\hat{\alpha}} = X^{\hat{\alpha}}(x^\mu) \tag{10.3}$$

と書く．すると

$$dX^{\hat{\alpha}} = \frac{\partial X^{\hat{\alpha}}}{\partial x^\mu} dx^\mu \equiv e^{\hat{\alpha}}_\mu(x) dx^\mu \tag{10.4}$$

となる．こうして変換行列は，ローレンツ変換のような定数行列ではなく一般に x の複雑な関数になる．この関係を使うと 2 事象間の線素は

$$ds^2 = \eta_{\hat{\alpha}\hat{\beta}} dX^{\hat{\alpha}} dX^{\hat{\beta}} = \eta_{\hat{\alpha}\hat{\beta}} e^{\hat{\alpha}}_\mu e^{\hat{\beta}}_\nu dx^\mu dx^\nu \tag{10.5}$$

ここでメトリックテンソルとして

$$g_{\mu\nu}(x) \equiv \eta_{\hat{\alpha}\hat{\beta}} \, e^{\hat{\alpha}}_\mu(x) e^{\hat{\beta}}_\nu(x) \tag{10.6}$$

を定義すると，加速度系での線素は次のような形に書けることが分かる．

$$ds^2 = g_{\mu\nu}(x) dx^\mu dx^\nu \tag{10.7}$$

こうして重力はミンコフスキーメトリックではない一般のメトリックテンソル $g_{\mu\nu}$ で表されるのではないかと予想することができる．

簡単な場合にメトリックテンソルを計算してみよう．いま，次のような定加速度運動を考える．

$$X^{\hat{0}}(\tau) = g^{-1} \sinh(g\tau), \quad X^{\hat{1}}(\tau) = g^{-1} \cosh(g\tau) \tag{10.8}$$

ここで τ は固有時間である．これを慣性系 $(X^{\hat{0}}, X^{\hat{1}})$ から加速度系 $(u = g\tau, v = g^{-1})$ への座標変換と見なそう．この座標系は上の定義から分かるようにミンコフスキー時空の一部しか覆うことができない（図 10.1 参照）．なおここでは y, z 座標を無視して 2 次元のミンコフスキー時空を考える．ちなみにこの運動の 4 元速度と 4 元加速度は次のようになる．

$$\begin{aligned} u^{\hat{0}} &= \frac{dX^{\hat{0}}}{d\tau} = \cosh(g\tau), & u^{\hat{1}} &= \frac{dX^{\hat{1}}}{d\tau} = \sinh(g\tau) \\ a^{\hat{0}} &= \frac{du^{\hat{0}}}{d\tau} = g\sinh(g\tau), & a^{\hat{1}} &= \frac{du^{\hat{1}}}{d\tau} = g\cosh(g\tau) \end{aligned} \tag{10.9}$$

4 元加速度の 2 乗を計算すると，定数 g^2 となって定加速度運動であることが確かめられる．

変換行列は

$$e^{\hat{0}}_{\mu} = \frac{\partial X^{\hat{0}}}{\partial x^{\mu}} = (v\cosh u, \sinh u), \quad e^{\hat{1}}_{\mu} = \frac{\partial X^{\hat{1}}}{\partial x^{\mu}} = (v\sinh u, \cosh u) \tag{10.10}$$

となるので，この場合のメトリックテンソルは次のようになる．

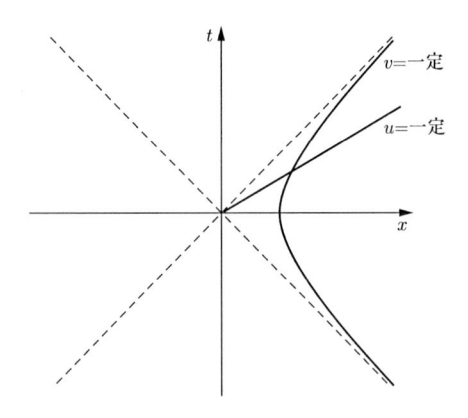

$$g_{uu} = -(e^{\hat{0}}_{u})^2 + (e^{\hat{1}}_{u})^2 = -v^2, \quad g_{vv} = -(e^{\hat{0}}_{v})^2 + (e^{\hat{1}}_{v})^2 = 1 \tag{10.11}$$

図 10.1　定加速度運動の世界線

こうして線素は次のように書けることが分かる.
$$ds^2 = -v^2 du^2 + dv^2 \tag{10.12}$$
この座標系で表したミンコフスキー時空の一部を，リンドラー時空 (Lindlar space-time) という．この場合メトリックテンソルの uu 成分を見れば，4 次元加速度 g が分かることになる．

この座標系には面白い性質がある．原点に静止した光源が無限の過去から一定の間隔で光のパルスをこの観測者に送ることを考えてみよう．パルスの 4 元運動量を慣性系で $(\omega, \omega, 0, 0)$ とすると，観測者が受け取る振動数は
$$\omega_{\mathrm{obs}} = -k^\mu u_\mu = \omega e^{-g\tau} \tag{10.13}$$
と計算することができる．これを見ると，$\tau < 0$ のときは受け取る振動数は大きくなり（青方偏移），$\tau > 0$ のときは小さくなる（赤方偏移）．τ の絶対値が大きくなればなるほど，受け取る振動数の変化は大きくなる．特にパルスが過去から時刻 0（原点）に近づくにつれ，観測者が受け取るパルス間隔はどんどん長くなり，時刻 0 以降に出たパルスは決して観測者に届かない．したがって原点から右向きに出た光は，観測者にとって無限の未来まで行っても観測することができない．こうしてこの観測者は無限の未来まで待っても時空の一部しか観測することができない．このとき観測できる時空の境界を**事象の地平面** (event horizon) という．事象の地平線はブラックホール時空 (black hole space-time) に現れるが，リンドラー時空は最も簡単な球対称（で電荷を持たない）ブラックホールの事象の地平面近傍の近似になっていることが知られている．実際，質量 M の電荷を持たない球対称ブラックホール時空はシュワルツシルド時空 (Schwarzschild space-time) として知られていて，次のような 4 次元線素で表される．
$$ds^2 = -\left(1 - \frac{2GM}{r}\right) dt^2 + \frac{dr^2}{1 - (2GM/r)} + r^2 \left(d\theta^2 + \sin^2\theta d\phi^2\right) \tag{10.14}$$

ここで G はニュートンの重力定数，θ, ϕ は 2 次元球面の極座標である．座標 r は半径 r の円の円周が $2\pi r$ となるような動径座標である．$r_g \equiv 2GM$ をシュワルツシルド半径 (Schwarzschild radius) といい，ブラックホールの地平面の半径となる．ここで次式で新たな座標 x を導入しよう．

$$r = 2M + x^2 \tag{10.15}$$

地平面近傍を考えるとして $|x| \ll 2M$ を満たすとする．この座標を使うとシュワルツシルド時空の線素は角度部分を無視すれば

$$ds^2 \simeq -\frac{x^2}{2M}dt^2 + 8M dx^2 \tag{10.16}$$

となり，リンドラー時空の線素と同じ形となることが分かる．

問題： リンドラー時空で上に述べた青方偏移，赤方偏移がなぜ起こるかを考察せよ．

10.3 曲がった時空

　ミンコフスキー時空を加速度系の座標で書けば，重力の性質はすべて記述できるのであろうか．重力は加速度運動によって現れるみかけの力なのであろうか．そうではない．重力はみかけの力と決定的に違う性質を持っている．みかけの力は重力と同じようにあらゆるものに同等に働くが，さらに場所によらず一様であるという性質を持っている．エレベータが急に上昇したときに感じる押し付けられるような力は，エレベータのどこにいてもまったく同じ方向と強さを持っている．ところが重力はそうではない．エレベータを自由落下させれば分かるように，離れた場所はごくわずかではあるが違った方向に落下していく．また高さが違えば受ける重力も違ってくる．落下するエレベータの中で仮にある瞬間に無数の質点を球面を作るように分布させたとしたら，落下していくにつれ，その球面の形は変形していくだろう．この変形の原因は，地球の重力が非一様であることからくる潮汐力である．潮汐力は自由落下では消すことができず，これこそが本来の重力の姿である．

　この潮汐力を数学的に記述するのに用いられるのが，曲がった時空という概念である．重力は時空の無限小の微小領域でしか消すことができず，そのような微小領域でしかミンコフスキー時空が当てはまらない．時空全体を，1 つのミンコフスキー時空で覆うことはできない．このことは，球面とその接平面を思い起こさせる．球面上の 1 点に接する接平面は，その点のまわりの（球の半径に比べて）ごく小さな領域なら球面をよく近似することができる．また球面上の違った 2 点での接平面は違っている．こうして重力の効果は時空を曲げる

10.3 曲がった時空

という着想が得られる．実際には，等価原理から曲った時空の着想にいたるまでにアインシュタインの天才をもってしても数年かかっているので，それほど単純ではないが，基本的にはこのような類推によって「重力＝曲った時空」という図式が出来上がるのである．それに対して重力のないミンコフスキー時空は平坦な時空と呼ばれる．

曲がった時空を記述するには加速度系で見たように一般的なメトリックテンソルを用いて線素を表す．

$$ds^2 = g_{\mu\nu}(x)dx^\mu dx^\nu \tag{10.17}$$

ただし曲がった時空の場合，時空の広い領域でミンコフスキー時空にするような座標変換は存在しない．せいぜいできることはある事象 P を考えたとき，次のような座標系が存在するだけである．

$$\begin{aligned} g_{\mu\nu}(P) &= \eta_{\mu\nu} \\ g_{\mu\nu,\rho}(P) &= 0 \\ g_{\mu\nu,\rho\sigma}(P) &\neq 0 \end{aligned} \tag{10.18}$$

このような座標系を局所慣性系 (local inertial frame) という．メトリックテンソルの 2 階微分が潮汐力，すなわち時空の曲がりを表すのである．

曲がった時空での質点の運動は，古典力学と同じく始点と終点を固定したときの次のような世界線の汎関数を考えることにより，最小作用の原理から導くことができる．

$$S[x(\tau)] = \int ds = \int \sqrt{-g_{\mu\nu}(x)\frac{dx^\mu}{d\tau}\frac{dx^\nu}{d\tau}}d\tau \equiv \int L(x^\alpha, \dot{x}^\alpha) \tag{10.19}$$

ここで

$$\dot{x}^\alpha = \frac{dx^\alpha}{d\tau} \tag{10.20}$$

とした．するとオイラー–ラグランジュ方程式

$$\frac{d}{dt}\left(\frac{\partial L}{\partial \dot{x}^\mu}\right) - \frac{\partial L}{\partial x^\mu} = 0 \tag{10.21}$$

から

$$\ddot{x}^\mu + g^{\mu\nu}\left(\frac{\partial g_{\nu\alpha}}{\partial x^\beta} - \frac{1}{2}\frac{\partial g_{\alpha\beta}}{\partial x^\nu}\right)\dot{x}^\alpha \dot{x}^\beta = 0 \qquad (10.22)$$

が導かれる．ここでクリストッフェル記号 (Christoffel symbol)

$$\Gamma^\mu_{\alpha\beta} \equiv \frac{1}{2}\left(\frac{\partial g_{\nu\alpha}}{\partial x^\beta} + \frac{\partial g_{\nu\beta}}{\partial x^\alpha} - \frac{1}{2}\frac{\partial g_{\alpha\beta}}{\partial x^\nu}\right) \qquad (10.23)$$

を定義すると，上の式は

$$\ddot{x}^\mu + \Gamma^\mu_{\alpha\beta}\dot{x}^\alpha \dot{x}^\beta = 0 \qquad (10.24)$$

となる．これが測地線方程式 (geodesic equation) として知られる重力場中での質点の運動方程式である．局所慣性系ではメトリックテンソルの1階微分がゼロなので，クリストッフェル記号は0となり，この式は等速直線運動を表すことになる．

問題： 測地線方程式を導け．

クリストッフェル記号は添え字を3個持っているので一見，3階のテンソルのように見えるが，座標変換でどのように変化するかを調べてみれば，それがテンソルでないことはすぐわかる．座標変換をしなくても，局所慣性系ですべての成分が0になることから，テンソルでないことは明らかである．テンソルならば異なった座標系における成分同士の関係は線形なので，ある座標系ですべての成分が0なら，あらゆる座標系で恒等的に0にならなくてはいけないからである．したがって，クリストッフェル記号は，時空の曲がりを表す幾何学的な量とはいえない．時空の曲がりを記述する幾何学的な量は，リーマンテンソル (Reimann tensor) と呼ばれる4階のテンソルである．これは次のように定義される．

$$R^\mu_{\nu\alpha\beta} = \partial_\alpha \Gamma^\mu_{\nu\beta} - \partial_\beta \Gamma^\mu_{\nu\alpha} + \Gamma^\mu_{\rho\alpha}\Gamma^\rho_{\nu\beta} - \Gamma^\mu_{\rho\beta}\Gamma^\rho_{\nu\alpha} \qquad (10.25)$$

4階のテンソルは一般に，4の4乗個，すなわち256個の独立成分を持っているが，リーマンテンソルは添え字について色々な対称性があって独立成分は20個となる．一方，物質のエネルギー，運動量の分布を表すテンソルとしてストレス・エネルギーテンソルと呼ばれるものがある．このテンソルは2階の対称テ

ンソルで，独立成分は 10 個である．したがって物質分布を与えても，リーマンテンソルのすべての成分を決めることはできない．物質のストレス・エネルギーテンソルから決まるのは，リーマンテンソルの一部ということになる．それがリッチテンソル (Ricci tensor) と呼ばれる 2 階の対称テンソルである．

$$R_{\nu\beta} = R^{\mu}_{\nu\mu\beta} \tag{10.26}$$

リッチテンソルを決める方程式を，アインシュタイン方程式 (Einstein equation) といって次の形に書くことができる．

$$R_{\mu\nu} - \frac{1}{2}g_{\mu\nu}R = 8\pi G T_{\mu\nu} \tag{10.27}$$

ここで $T_{\mu\nu}$ はストレス・エネルギーテンソル，$R = g^{\mu\nu}R_{\mu\nu}$ はリッチスカラーと呼ばれる．この式は，メトリックに関する 2 階の連立の非線形偏微分方程式であり，ニュートンの重力理論におけるポアッソン方程式に対応する．ニュートン重力では重力ポテンシャルは 1 個だけであったが，一般相対性理論では，$g_{\mu\nu}$ の 10 成分がポテンシャルとなる．実際には座標系の変換の自由度が 4 つあるので，そのうちの 6 個が独立なポテンシャルとなる．

アインシュタイン方程式で $T_{\mu\nu} = 0$，すなわち物質が存在しない真空の場合を考えると，$R_{\mu\nu} = 0$ となるが，これは必ずしも時空が平坦であることを意味しない．上で述べたようにリッチテンソルが 0 ということは，リーマンテンソルの一部が 0 であることを言っているにすぎないからである．物質がなくても時空が曲がる例としては，重力波やブラックホールといった興味深いものがある．これらのほかにも中性子星や宇宙全体など一般相対性理論を使わなければならない状況は数多くあり，一般相対性理論は天体物理学にとってきわめて重要な役割を果たしている．

より詳しい一般相対性理論の解説や天体物理学への応用に関しては，巻末に挙げた参考書を参照されたい．

参 考 文 献

解析力学の参考文献は，力学の教科書に含まれるものが多く，定番は，

1) H. ゴールドスタイン，P. サーコフ著．矢野　忠，江沢康生，渕崎員弘訳：『古典力学 上 新版』吉岡書店，2006.
2) L.D. ランダウ，E.M. リフシッツ著．広重　徹，水戸　巌訳：『力学 (増訂第3版) ランダウ＝リフシッツ理論物理学教程』東京図書，1986.

などの翻訳書があり，そのほか，日本の研究者による書籍にも多くの良書がある．さらに，詳しいことを学びたい人のための標準的文献としては

3) V.I. アーノルド著．安藤韶一訳：『古典力学の数学的方法』岩波書店，1980.
4) R. Abraham, J.E. Marsden,: "Foundation of Mechanics," Benjamin, 1978.

変分法に関して詳しく書かれている文献は，

6) I.M. ゲリファント，S.V. フォーミン著．関根智明訳：『変分法』総合図書，1970.
7) C. ランチョス著．一柳正和，高橋　康訳：『解析力学と変分原理』日刊工業新聞社，1992.

特殊相対性理論，一般相対性理論の本は多数あるが，ここでは日本語のもので現在比較的容易に入手できるものを挙げる．

やさしい特殊相対性理論，一般相対性理論の入門書として

8) 松田卓也，二間瀬敏史：『なっとくする相対性理論』講談社，1996.

特殊相対性理論だけに限った詳しい教科書として

9) 江沢　洋：『相対性理論 基礎物理学選書27』裳華房，2008.

相対性理論を本格的に勉強したい人への入門書として

10) シュッツ著．江里口良治，二間瀬敏史訳：『相対論入門 (上・下)』丸善，1988.

11) 佐藤勝彦：『相対性理論』岩波書店，1996.
12) 窪田高弘，佐々木隆：『相対性理論』裳華房，2001.

　一般相対論の読みやすい入門書としては上記のほかに

13) 須藤　靖：『一般相対論入門』日本評論社，2005.

　より進んだ読者には

14) 佐々木節：『一般相対論』産業図書，1996.
15) 小玉英雄：『相対性理論 物理学基礎シリーズ6』培風館，1997.
16) L.D. ランダウ，E.M. リフシッツ著．恒藤敏彦，広重　徹訳：『場の古典論（原書第6版）』東京図書，1978.

をお薦めする．

索　引

ア　行

アインシュタインの規約　119
アインシュタイン方程式　165

位相空間　58
1形式　134
一般化座標　14
一般化力　8, 16
一般相対性理論　157

X線パルサー　110
遠心力　27

オイラー方程式　42
オイラー–ラグランジュ方程式　45, 154

カ　行

回転座標系　24, 81
回転の生成元　94
角変数　85
加速度系　159
ガリレオの相対性原理　107
ガリレオの速度の合成則　106
ガリレオ変換　106
慣性質量　158
完全反対称テンソル　138
ガンマ因子　112

逆コンプトン効果　144

強制振動　30, 62
共役運動量　16
局所慣性系　163
近日点移動　156

空間的ベクトル　132
クリストッフェル記号　164

ゲージ変換　83, 151

光円錐　123
光速度の不変性　108
恒等変換　80
勾配1形式　135
固有時間　133
コリオリ力　26
コンプトン散乱　142
コンプトン波長　144

サ　行

最小作用の原理　46
最速降下線　38, 39
座標変換　15
作用　44
作用変数　85
時間的ベクトル　132
時間による座標変換　15
時間の遅れ　116
時空　119
事象の地平面　161

実験室系　116
重荷　158
シュワルツシルド時空　161
シュワルツシルド半径　161
循環座標　21

スカラー積　129
スニヤエフ–ゼルドビッチ効果　144

正準座標　58
正準変換　76
正準方程式　58
生成元　92, 94
積分不変量　91

相空間　58
測地線方程式　164

タ　行

対称テンソル　137

中心力問題　22, 61
調和振動子　72, 84, 100, 104

停留曲線　40
電磁場中の荷電粒子　27, 61
テンソル　136
点変換　74, 80

等価原理　157
ドップラー効果　142
トーマス歳差　114

ナ　行

ヌルベクトル　132

ネーターの定理　47, 95

ハ　行

配位空間　14
ハミルトニアン　57
ハミルトニアンベクトル場　71
ハミルトンの原理　46
ハミルトンの主関数　101, 104
ハミルトン–ヤコビ方程式　97, 154
汎関数　40
汎関数微分　42
反対称テンソル　137

微小変位　7

ブースト変換　113
双子のパラドックス　126
物理量　63
不変双曲線　124, 125
ブラックホール時空　161

ベクトル　129
変分原理　46
変分法　38

ポアッソン括弧　63, 87
ポアッソンの定理　66
母関数　77
保存量　6, 65
ホロノミック　33

マ　行

マイケルソン–モーレーの実験　110
マクスウェル方程式　146

みかけの力　16
ミンコフスキー計量テンソル　121
ミンコフスキー時空　121

無限小正準変換　92

索　　引

メトリックテンソル　121

ヤ　行

ヤコビ恒等式　64

4元速度　133
4元ポテンシャル　151

ラ　行

ラグランジアン　12
ラグランジュの未定係数法　52
ラグランジュ方程式　12

リッチテンソル　165
リーマンテンソル　164
リュービユの定理　96
リンドラー時空　161

ルジャンドル変換　54

レビ–チビタ・テンソル　138

ローレンツ収縮　116
ローレンツ条件　152
ローレンツ変換　111, 113
ローレンツ力　152

著者略歴

二間瀬敏史（ふたませ としふみ）
1953年　北海道に生まれる
1983年　ウェールズ大学カーディフ校
　　　　博士課程修了
現　在　東北大学大学院理学研究科教授
　　　　Ph.D

綿村　哲（わたむら さとし）
1955年　大阪府に生まれる
1984年　東京大学理学系大学院物理学専攻
　　　　博士課程修了
現　在　東北大学大学院理学研究科准教授
　　　　理学博士

現代物理学［基礎シリーズ］2
解析力学と相対論　　　　　　定価はカバーに表示

2010年9月15日　初版第1刷
2022年3月25日　　　第7刷

著　者　二 間 瀬 敏 史
　　　　綿　村　　哲
発行者　朝　倉　誠　造
発行所　株式会社　朝 倉 書 店
　　　　東京都新宿区新小川町6-29
　　　　郵便番号　162-8707
　　　　電　話　03(3260)0141
　　　　ＦＡＸ　03(3260)0180
　　　　https://www.asakura.co.jp

〈検印省略〉

© 2010〈無断複写・転載を禁ず〉　　　中央印刷・渡辺製本

ISBN 978-4-254-13772-9　C 3342　　　Printed in Japan

JCOPY　<出版者著作権管理機構　委託出版物>

本書の無断複写は著作権法上での例外を除き禁じられています．複写される場合は，そのつど事前に，出版者著作権管理機構（電話 03-5244-5088, FAX 03-5244-5089, e-mail: info@jcopy.or.jp）の許諾を得てください．

好評の事典・辞典・ハンドブック

物理データ事典 　日本物理学会 編　B5判 600頁
現代物理学ハンドブック 　鈴木増雄ほか 訳　A5判 448頁
物理学大事典 　鈴木増雄ほか 編　B5判 896頁
統計物理学ハンドブック 　鈴木増雄ほか 訳　A5判 608頁
素粒子物理学ハンドブック 　山田作衛ほか 編　A5判 688頁
超伝導ハンドブック 　福山秀敏ほか 編　A5判 328頁
化学測定の事典 　梅澤喜夫 編　A5判 352頁
炭素の事典 　伊与田正彦ほか 編　A5判 660頁
元素大百科事典 　渡辺 正 監訳　B5判 712頁
ガラスの百科事典 　作花済夫ほか 編　A5判 696頁
セラミックスの事典 　山村 博ほか 監修　A5判 496頁
高分子分析ハンドブック 　高分子分析研究懇談会 編　B5判 1268頁
エネルギーの事典 　日本エネルギー学会 編　B5判 768頁
モータの事典 　曽根 悟ほか 編　B5判 520頁
電子物性・材料の事典 　森泉豊栄ほか 編　A5判 696頁
電子材料ハンドブック 　木村忠正ほか 編　B5判 1012頁
計算力学ハンドブック 　矢川元基ほか 編　B5判 680頁
コンクリート工学ハンドブック 　小柳 洽ほか 編　B5判 1536頁
測量工学ハンドブック 　村井俊治 編　B5判 544頁
建築設備ハンドブック 　紀谷文樹ほか 編　B5判 948頁
建築大百科事典 　長澤 泰ほか 編　B5判 720頁

価格・概要等は小社ホームページをご覧ください．